中等职业教育国家规划教材
全国中等职业教育教材审定委员会审定

焊条电弧焊实训

第二版

主　　编　赵玉奇
责任主审　崔占全
审　　稿　付瑞东　张静洪

化学工业出版社

·北京·

本教材根据教育部颁布的中等职业学校《焊条电弧焊实训教学大纲》，参照国家电焊工《工人技术等级标准》（初级）和《职业技能鉴定规范》（考核大纲）而编写，适合中等职业教育各类学校焊接、机械和空调制冷等专业使用。

　　本教材的主要内容包括：绪论、焊条电弧焊安全技术与劳动保护、焊条电弧焊设备及应用、焊条、焊条电弧焊工艺知识、焊条电弧焊操作技术、气割、碳弧气刨共计8章。根据焊接实训的特点，在不同章节后共计安排24个有针对性的实训课题，并且附有相应的评分标准，以便实训教学与考核。

　　本教材按照职业学校实训教学的主要目的和实训教学的基本原则，注重理论与实践相结合，实训与职业技能训练及鉴定相结合。根据焊接操作技术的内在序列和认知规律，从设备器械的识别、选择、调节、使用入手，到工艺参数的选择、焊接技术的学习、训练，使技能技巧形成的整个过程从简单到复杂，由具体到综合，逐步深化，从而实现全面素质与综合职业能力的培养。

图书在版编目（CIP）数据

　　焊条电弧焊实训/赵玉奇主编．—2版．—北京：化学工业出版社，2009.8（2023.4重印）

　　中等职业教育国家规划教材

　　ISBN 978-7-122-06222-2

　　Ⅰ．焊…　Ⅱ．赵…　Ⅲ．焊条-电弧焊-专业学校-教材

Ⅳ．TG444

　　中国版本图书馆CIP数据核字（2009）第110130号

责任编辑：高　钰　　　　　　　　　装帧设计：刘丽华
责任校对：顾淑云

出版发行：化学工业出版社（北京市东城区青年湖南街13号　邮政编码100011）
印　　装：北京虎彩文化传播有限公司
787mm×1092mm　1/16　印张8¾　字数203千字　2023年 4 月北京第2版第9次印刷

购书咨询：010-64518888　　　　　　　售后服务：010-64518899
网　　址：http://www.cip.com.cn
凡购买本书，如有缺损质量问题，本社销售中心负责调换。

定　　价：29.00元

中等职业教育国家规划教材出版说明

为了贯彻《中共中央国务院关于深化教育改革全面推进素质教育的决定》精神，落实《面向21世纪教育振兴行动计划》中提出的职业教育课程改革和教材建设规划，根据教育部关于《中等职业教育国家规划教材申报、立项及管理意见》（教职成〔2001〕1号）的精神，我们组织力量对实现中等职业教育培养目标和保证基本教学规格起保障作用的德育课程、文化基础课程、专业技术基础课程和80个重点建设专业主干课程的教材进行了规划和编写，从2001年秋季开学起，国家规划教材将陆续提供给各类中等职业学校选用。

国家规划教材是根据教育部最新颁布的德育课程、文化基础课程、专业技术基础课程和80个重点建设专业主干课程的教学大纲（课程教学基本要求）编写，并经全国中等职业教育教材审定委员会审定。新教材全面贯彻素质教育思想，从社会发展对高素质劳动者和中初级专门人才需要的实际出发，注重对学生的创新精神和实践能力的培养。新教材在理论体系、组织结构和阐述方法等方面均作了一些新的尝试。新教材实行一纲多本，努力为教材选用提供比较和选择，满足不同学制、不同专业和不同办学条件的教学需要。

希望各地、各部门积极推广和选用国家规划教材，并在使用过程中，注意总结经验，及时提出修改意见和建议，使之不断完善和提高。

教育部职业教育与成人教育司

第二版前言

本教材是根据教育部中等职业学校焊接专业《焊条电弧焊实训教学大纲》，在国家规划教材《焊条电弧焊实训》第一版的基础上，吸收学校在使用过程中提出的改进意见基础上修订而成。

在修订过程中，充分吸纳近年来职业教育"以服务为宗旨、以就业为导向"，"任务引领、行动导向、项目教学"等改革的理论与实践优秀成果。继承保持了第一版"理论与实践一体化、教学与职业技能鉴定结合、项目与生产实践结合、过程训练与过程评价相结合"的特点。教材在结构上融教学做评于一体，融入职业道德培养，安全意识教育，能有效提高学生综合素质与综合职业能力。课程的结构为不同的学校实施灵活的教学安排提供了条件。

在修订过程中，重点修订以下内容：

① 对焊接设备、焊条、单面焊双面成形等进行了充实完善。

② 结合焊接专业技术进步，标准的调整进行了相关内容的更新。

③ 对第一版中存在的问题，进行了修改。

参加本书编写工作的有：庞春虎（第一章、第四章、第六章）、刘洪（第五章）、赵玉奇（绪论、第二章、第三章、第七章），并由赵玉奇担任主编。

本书经全国中等职业教育教材审定委员会审定，由燕山大学付瑞东副教授、秦皇岛煤矿机械厂高级工程师张静洪、淮南工学院宋克俭副教授担任主审，化工出版社、中国化工职业教育教学指导委员会机械专业委员会对全书编写提供了支持与指导，特此感谢。

鉴于编者水平有限，书中缺点与不妥之处，恳请读者批评指正。

编 者
2009 年 5 月

第一版前言

本教材是根据教育部 2000 年 8 月颁布的中等职业学校《焊条电弧焊实训教学大纲》（焊接专业 120 学时）的规定，同时参照国家电焊工《技术工人等级标准》（初级）和《职业技能鉴定规范》（考核大纲）而编写，适合中等职业教育学校焊接专业（3 年制）使用。

本教材的主体部分为焊条电弧焊的"安全技术-设备与工具-焊条-焊接工艺-操作技术"五个部分。安全技术与劳动保护简要介绍焊条电弧焊的安全技术与劳动保护常识，旨在配合安全教育，使学生树立"安全第一、预防为主"的意识，养成科学文明生产的职业习惯。设备与工具、焊条、焊接工艺三章对焊条电弧焊生产过程中基本知识与技能进行学习与训练，学会正确的选择和使用焊接设备、焊条、焊接工艺参数，为理论知识向综合应用能力的转化打下一定的基础。操作技术一章针对焊条电弧焊的基本操作技术，平焊、立焊的技术要领，进行具体的指导与训练，是形成技能技巧的关键环节。另外根据电焊工《工人技术等级标准》，对气割、碳弧气刨知识与技能的要求，考虑到气割、碳弧气刨在工程中的广泛应用，兼顾各中等职业学校焊接实训的条件，实训安排的可行性与现实性，在教材编写过程中增加了"气割"与"碳弧气刨"两章内容，以便各校选用。

本教材在编写过程中，根据中等职业教育焊接专业的培养目标，努力实现实训教学"形成技能技巧，发展应用能力，提高思想品德，结合生产实践"的功能。为贯彻"结合生产，科学规范，直观生动，循序渐进，安全文明"的实训教学原则，在教材的结构上，使理论与实践相结合，教师讲授、示范与学生训练相结合，实训与《工人技术等级标准》、《职业技能鉴定规范》相结合。全书共设置 24 个实训课题，实训课题以技能技巧的形成为核心，制定科学的技术操作规范和具体的操作步骤。为了增强实训的目的性和考核的透明度，实训课题后均附有相应的评分标准，评分标准既重视实训结果的考核又重视对实训过程的考核。在实训过程中，根据焊接操作技术内在序列和学生认识过程的规律，从设备器械的识别、选择、安装、调节、使用入手，到工艺参数的选择、焊接技术的学习、训练，使技能技巧形成的整个过程从简单到复杂，由具体到综合，逐步深化，使学生的技能技巧扎扎实实。增加图表，有利于实训直观生动。在教学内容的深浅，详略程度上，紧扣教学大纲，理论降低难度，够用为度，技能技巧适当加强。

本书在编写过程中虽然努力吸取焊接专业教学改革及职业技能鉴定方面成功的经验和有益做法，注意考虑实训教学特点，但是由于作者理论水平和实践能力有限，教材中仍难免存在某些缺点和错误，恳切地希望同志们在教学的过程中发现问题，及时提出批评和指正。

参加本书编写工作的有：刘洪（第五章）、庞春虎（第一章、第四章、第六章）、赵玉奇（绪论、第二章、第三章、第七章），并由赵玉奇担任主编。

本书经全国中等职业教育教材审定委员会审定，由燕山大学付瑞东副教授、秦皇岛煤矿机械厂高级工程师张静洪审稿、宋克俭担任主审，崔占全担任责任主审。

作者

2002 年 2 月

目 录

绪　　论

一、焊条电弧焊的焊接过程与特点

焊条电弧焊是用手工操纵焊条进行焊接的电弧焊方法（简称手弧焊）。

（一）焊条电弧焊焊接过程

焊条电弧焊由弧焊电源、焊接电缆、焊钳、焊条、焊件、电弧构成焊接回路，如图 0-1 所示。在弧焊电源提供合适的焊接电流和电弧电压条件下，采用接触短路引弧法引燃电弧，迅速提起焊条并保持一定的距离，使电弧稳定地燃烧。在电弧的高温作用下，焊条和焊件局部被加热到熔化状态，焊条端部熔化后的熔滴和焊件被熔化的母材金属熔合在一起形成熔池。随着电弧的移动，熔池也随之移动，熔池中的液态金属逐步冷却结晶后便形成焊缝，从而将两个焊件连成一个完整的整体。

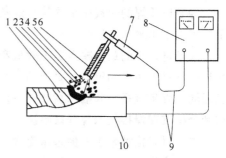

图 0-1　焊条电弧焊的焊接回路
1—焊缝；2—溶池；3—保护气体；4—电弧；
5—熔滴；6—焊条；7—焊钳；8—弧焊设备；
9—焊接电缆；10—焊件

在焊条电弧焊的焊接过程中，焊条的焊芯熔化后以熔滴的形式向熔池过渡，同时焊条的外部药皮产生一定量的气体和液态熔渣。其气体充满在电弧和熔池的周围，隔绝空气，可以保护熔滴和熔池液态金属；其液态的熔渣密度比熔池的液态金属密度小，熔渣浮在熔池液态金属之上也起到保护熔池的作用。当液态熔渣凝固后以渣壳覆盖在焊缝金属表面，可防止高温的焊缝金属被氧化、减慢焊缝的冷却速度。

在焊接过程中，液态金属与液态熔渣和气体之间进行脱氧、去硫、去磷、去氢和掺合金元素等复杂的焊接冶金反应，从而使焊缝金属获得合适的化学成分和组织。

（二）焊条电弧焊的特点

焊条电弧焊是一种发展较早的电弧焊方法，目前仍然是应用最广泛的一种焊接方法。有以下特点。

1. 设备简单、维护方便、成本低

焊条电弧焊使用弧焊设备及一些简单工具，焊工使用、安装方便，操作简单；设备结构简单，便于现场维护、保养和维修；设备轻，便于移动；投资少，成本低。

2. 工艺灵活、适应性强

焊条电弧焊适用于碳素钢、合金钢、不锈钢、铸铁、铜及其合金、铝及其合金、镍及其合金的焊接；利用电缆可以延伸较远距离的焊接；适用于不同位置、接头形式、焊件厚度、单件产品或批量产品以及复杂结构焊接部位的焊接。对一些不规则的焊缝、短焊缝、仰焊缝、高空和狭窄位置的焊缝，不易实现机械化焊接的焊缝，焊条电弧焊显得工艺更灵活、适应性更强。但焊条电弧焊不适宜于 1.5mm 以下的薄板焊接。

3. 对焊件的装配要求较低，易于分散应力和控制变形

　　由于焊条电弧焊过程由手工操纵，焊接时焊工可根据焊接处的变化适时调整电弧位置和运条手势，修正焊接工艺参数，以保证跟踪焊缝和焊透。因此，对接头的装配精度比机械化焊接方法要求低。

　　在所有的焊接结构中，因受热循环的影响，都存在着焊接残余应力和变形。外形复杂的焊缝、长焊缝和大工件更为突出。采用焊条电弧焊，可以通过工艺调整，如跳焊、逆向分段焊、对称焊等方法来减少变形和改善应力分布。

　　4. 劳动强度高、生产效率低

　　焊条电弧焊采用的焊条长度有限，不能连续焊接，所以生产效率低。由于采用手工操作，工人的劳动条件差，劳动强度大。而且每根焊条都要丢弃一个焊条头，浪费一些焊接材料。

　　5. 焊接质量对焊工的依赖性强

　　焊条电弧焊的焊接质量尽管与焊条、设备及工艺参数有密切关系，但在很大程度上取决于焊工的技术水平与经验。

　　焊条电弧焊的最大缺点是工效低和焊接质量不稳定。克服工效低的途径，除对平、直、长焊缝尽量采用自动焊外，要做到工艺上的合理化（如坡口形式、坡口角度、间隙大小、电流强弱、焊条直径）和推广高效焊法。对于焊接质量不稳定性，主要通过焊工培训、焊工考试和严格贯彻焊接技术规程来解决。

二、对焊接技术工人的基本要求

　　焊接操作是专业性很强的技术性工作，焊接人员必须接受正规培训，取得劳动部门颁发的特殊工种安全操作证——焊工安全操作证（俗称红卡），方准独立作业。而且持证人员需每3年进行一次复训教育。而对压力容器制造焊工，要求更高，必须取得"压力容器焊工许可证"方能上岗施焊，对施焊焊缝，还应打上焊工对应的焊工号，从而对焊接质量负责。

　　由于焊接工作的重要性和特殊性，企业必须建立焊工考核制度，它是评价焊工工作业绩的重要依据。

　　国家《工人技术等级标准》将焊工的技术等级划分为初级、中级、高级、技师、高级技师五档，并对各技术等级提出明确的知识要求和能力要求。该标准是衡量从业者资格、技术等级和操作技术熟练程度的尺度，也是各级焊接技术工人必须遵循的准绳和应达到的基本业务规格。我国正逐步推行职业技能鉴定和职业资格证书制度。实行就业准入，为社会提供了一个尊重知识、尊重技术、尊重人才的良好氛围。职业技能鉴定是提高劳动者素质，增强劳动者就业能力的有效措施。为企业合理使用劳动力以及劳动者自主择业提供了依据和凭证。同时，竞争上岗，以能力、以贡献定报酬的新型劳动、分配制度，也必将成为千百万劳动者努力提高职业技能的动力。

三、本课程的性质和任务

　　本课程为中等职业学校焊接专业的一门专业主干课程。主要任务是使学生了解焊条电弧焊的特点、焊条电弧焊的使用范围及操作方法，并掌握焊接工艺参数的选用原则，为今后从事焊接专业工作打下基础。

四、本课程的教学目标

　　本课程以焊条电弧焊生产过程中的装备、焊接材料、焊接工艺、操作技术为研究对象。通过本实训的学习与实践，在理论与实践能力上达到初级电焊工的相关技术等级标准。

（一）知识的教学目标

① 了解焊条电弧焊的特点及应用范围，理解焊条电弧焊的操作要领。

② 掌握焊条电弧焊焊接设备的使用方法及焊接工艺参数的选用和使用原则。

③ 了解焊条电弧焊焊条的分类及常用焊条的焊接性能。

④ 了解焊条电弧焊焊接设备的维护和保养知识及安全用电常识。

（二）能力培养目标

① 能正确地使用焊条电弧焊设备和相关的工具和量具。

② 掌握常用电弧焊电源的启闭，调节焊接电流和电源极性的方法。

③ 掌握焊条电弧焊平焊和立焊的操作技术。

④ 能识别焊条牌号，熟悉酸性焊条、碱性焊条的焊接性能，能正确选用和使用焊接工艺参数。

根据电焊工《工人技术等级标准》对气割、碳弧气刨知识与技能的要求，考虑到气割、碳弧气刨在工程中的广泛应用，兼顾各职业学校设备台套数量及便于组织实习教学的需要，本书增加了气割和碳弧气刨两章。对有条件的学校，可在实训中适当安排，全面提高学生的能力与素质。

五、本课程的学习方法

本教材为指导学生焊接实训的指导书，学习中应掌握以下方法。

① 注意知识的实际应用，特别是注意用本教材以及先修课程中的基本知识解决实习中遇到的问题。

② 正确处理理论与实践的关系，自觉用焊接理论指导焊接生产实践，用焊接实训检验焊接理论，丰富焊接实践经验，为进一步学习理论，提高技能建立基础。

③ 积极参加生产实践，并按照中华人民共和国电焊工《工人技术等级标准》（初级）、《职业技能鉴定规范》严格要求，做到仔细观察，积极思考，勇于实践动手，勤学苦练，练好基本功和基本技能，争做专业思想牢固、作风扎实，技术过硬、技艺精湛的能工巧匠。

④ 在实训过程中，要贯彻"安全第一、预防为主"的指导思想，按照安全技术操作规程科学、文明生产。

第一章　电弧焊安全技术与劳动保护

第一节　电弧焊安全技术

　　焊工焊接操作时经常要与易燃易爆的介质（如气体或液体）接触，会与焊接过程中产生的一些有害气体和烟尘以及弧光辐射、热源高温等直接接触，与压力容器、压力管道接触，还会与弧焊电源等用电机具相接触。GB 5306—85《特种作业人员安全技术考核管理规则》明确规定："金属的焊接作业是属于对操作者本人、他人和周围设施的安全有重大危害因素的特种作业，对从事作业的人员，必须进行安全教育和安全技术培训，经考核合格取得操作证者，方准独立作业。"焊接操作的安全技术应贯彻"安全第一、预防为主"的方针，焊工应遵守安全操作规程，并进行有效的劳动保护。

一、电弧焊安全用电

1. 发生触电的原因

　　实践证明，通过人体的电流超过 0.05A 时，就会有生命危险。如当 0.1A 的电流通过人体时，仅要 1s 就会发生触电死亡事故。在人体出汗、潮湿的情况下，其电阻值可由 50000Ω 骤降至 800Ω，根据欧姆定律，40V 的电压形成的电流足以对人体造成伤害。我国一般焊接设备所用的电源电压为 220V 或 380V，弧焊电源的空载电压一般也在 60V 以上。因此焊工操作时首先应该注意防止触电。

　　焊接触电事故常在下列情况下发生。

　　① 手和身体某部碰到裸露的接线头、接线柱、极板、导线及破皮或绝缘失效的电线、电缆而触电。

　　② 在更换焊条时，手或身体某部接触焊钳带电部分，而脚和其他部位对地面或金属结构之间绝缘不好。如在金属容器、管道、锅炉内或在金属结构潮湿的地方焊接时，最容易发生触电事故。

　　③ 焊接变压器的一次绕组和二次绕组之间的绝缘损坏时，手或身体部位碰到二次线路的裸导体而触电。

　　④ 电焊设备的外壳漏电，人体碰触外壳而触电。

　　⑤ 由于利用厂房的金属结构、管道、轨道、天车吊钩或其他金属物搭接作为焊接回路而发生触电事故。

　　⑥ 防护用品有缺陷或违反安全操作规程发生触电事故。

　　⑦ 在危险环境中作业。电焊工作业的危险环境一般指潮湿；有导电粉尘；被焊件直接与泥、砖、湿木板、钢筋混凝土、金属或其他导电材料铺设的地面接触；焊工身体能够同时在一方面接触接地导体，另一方面接触电器设备的金属外壳。

2. 焊接触电的防护措施

　　电焊工在操作时应按照以下安全用电规程操作。

① 焊接工作前，应先检查弧焊电源、设备和工具是否安全，如弧焊电源外壳是否接地、各接线点接触是否良好、焊接电缆的绝缘有无损坏等。

② 改变弧焊电源接头、更换焊件需要改接二次回路、转移工作地点、更换保险丝等时，必须切断电源后进行。推拉闸刀开关时，必须戴绝缘手套，同时头部偏斜，防止电弧火花灼伤脸部。

③ 焊工工作时，必须穿戴防护工作服、绝缘鞋和绝缘手套。绝缘鞋、手套须保持干燥、绝缘可靠。在潮湿环境工作时，焊工应用绝缘橡胶衬垫确保焊工与焊件绝缘。

④ 焊钳应有可靠的绝缘，中断工作时，焊钳要放在安全的地方，防止焊钳与焊件短路而烧坏弧焊电源。焊接电缆应尽量采用整根，避免中间接头。有接头时应保证连接可靠、接头绝缘可靠。

⑤ 在金属容器内或狭小工作场地施焊时，必须采取专门的防护措施，保证焊工身体与带电体绝缘。要有良好的通风和照明。不允许采用无绝缘外壳的自制简易焊钳。焊接工作时，应有人监护，随时注意焊工的安全动态，遇险时及时抢救。

⑥ 在光线较暗的环境工作时，必须用手提工作行灯，一般环境行灯电压不超过 36V，在潮湿、金属容器等危险环境工作时，照明行灯电压不超过 12V。

⑦ 焊接设备的安装、检查和修理必须由电工完成。设备在使用中发生故障，应立即切断电源，通知维修部门修理，焊工不得自行修理。

3. 触电抢救措施

① 切断电源。遇到有人触电时，不得赤手去拉触电人，应先迅速切断电源。如果远离开关，救护人可用干燥的手套、木棒等绝缘物拉开触电者或者挑开电线。千万不可用潮湿的物体或金属件作防护工具，以防自己触电。

② 人工抢救。切断电源后如果触电者呈昏迷状态，应立即使触电者平卧，进行人工呼吸，并迅速送往医院抢救。

二、特殊环境安全技术

比正常状态下危险性大，容易发生火灾、爆炸、触电、坠落、中毒、窒息等类事故以及各种其他伤害的环境称为特殊环境，它包括易燃、易爆有毒窒息焊接环境、有限空间场所焊接作业环境和高处焊接作业环境等。特殊环境焊接作业既有焊接作业一般环境的特点，又有焊接作业特殊环境的特征。

（一）电焊工高空作业安全措施

离地 2m（含 2m）以上的作业称为高空作业。在高空进行焊接作业，比在平地上作业具有更大的危险性，必须遵守下列安全操作规则。

① 在高空焊接作业时，电焊工必须戴上安全帽，要系上带弹簧钩的安全带，并把身体可靠的系在构架上，以防碰伤、坠落。

② 高空焊接作业时，焊工使用的攀登物、脚手架、梯子必须牢固可靠。梯子要有专人扶持，焊工工作时应站稳把牢，谨防失足摔伤。

③ 高空作业时，焊接电缆要紧绑在固定处，严禁绕在身上或搭在背上工作。应使用盔式面罩，不得用盾式面罩代替盔式面罩。辅助工具如钢丝刷、手锤、錾子及焊条等，应放在工具袋里。更换焊条时，焊条头不要随便往下扔。

④ 高空作业的下方，要清除所有的易燃、易爆物品。

⑤ 在高处焊接作业时，不得使用高频引弧器，预防万一触电、失足坠落。高处作业时

应有监护人，密切注意焊工安全动态，电源开关应设在监护人近旁，遇到紧急情况立即断电。

⑥ 遇到雨、雾、雪、阴冷天气和干冷时，应遵照特种规范进行焊接工作。电焊工工作地点应加以防护，免受不良天气的影响。

⑦ 患有高血压、心脏病、癫痫病、恐高症、不稳定性肺结核及酒后工人不宜从事高空焊接作业。

（二）内有易燃、易爆介质的容器与管道的焊补作业

内有易燃、易爆介质的容器（包括罐、塔等）与管道在使用中经常出现裂缝和蚀孔，在生产过程中要进行抢修。容器与管道的焊补要在高温、高压、易燃、易爆、有毒的情况下进行，稍有疏忽，就会发生爆炸、着火、中毒，造成严重事故。容器与管道焊补作业属于特殊焊接作业，除了遵守焊接作业安全技术要求外，必须采取切实可靠的防爆、防火和防中毒安全技术措施。

用于焊补内有易燃、易爆介质的容器与管道的方法有两种：置换法和带压不置换法。

1. 置换焊补的安全技术

置换法就是在焊补前用惰性介质将原有的可燃物彻底排出，使容器内的可燃物含量降到不能形成爆炸性混合物的条件，以保证焊接操作安全。置换法通常采用蒸气蒸煮，接着用置换介质（常用介质有氮气等）吹净容器内部的可燃物质和有毒物质。

为了确保安全，置换焊补必须采取下列安全措施。

（1）安全隔离

在现场检修时，先要停止燃料容器与管道工作，并与整个生产系统前后环节隔离好。安全隔离的最好办法是在厂区或车间内划定一个安全作业区，将要焊补的设备、管道运到作业区内焊补。作业区必须符合下列防火、防爆要求：

① 作业区 10m 范围内无可燃物管道和设备；

② 室内作业区要与可燃物生产现场隔离开；

③ 正在生产的设备由于正常放空或一旦发生事故时，气体和蒸气不能扩散到安全作业区；

④ 要准备足够数量的灭火工具和设备；

⑤ 禁止使用各种易燃物质；

⑥ 作业区周围要划定界限，悬挂防火安全标志。

（2）严格控制容器内可燃物含量

置换时应考虑到置换介质之间的密度关系，当置换介质的密度大时，从容器最低部进气，从最高点向外排放。以着手焊补前 0.5h 取得的样品分析为准，在焊补过程中还要不断取样分析。未经置换处理或虽经处理但未取样分析的可燃容器均不得动手焊补。

（3）清洗容器的技术要求

注意清洗容器内表面积垢里或外表面的保温材料中吸附和潜存着可燃气体，它们难以被彻底置换。这样在焊补过程中，因受热可燃气体陆续散发出来，导致爆炸着火事故。油类设备、管道的清洗可用火碱水溶液清洗，但应先加水，后放碱。在容器里灌满清水也可保证安全，但要尽量多灌水，以缩小容器内可能形成爆炸性混合物的空间。

（4）空气分析的监测

焊补过程中还要一直用仪表监视容器内外的气体成分，一旦发现可燃气体含量上升，应立即寻找原因，加以排除，当可燃气体含量上升到接近危险浓度时，要立即停止焊补，再次

清洗到合格。

（5）严禁焊补未开孔洞的密封容器。

2．带压不置换焊补的安全技术

带压不置换焊补应严格地控制容器的含氧量，使可燃气体的浓度大大超过爆炸上限，从而不能形成爆炸性混合物。并在正压的条件下，让可燃气以稳定不变的速度从容器的裂纹处扩散溢出，与周围空气形成一个稳定燃烧系统，点燃气体后，再进行补焊。

为了确保安全，带压不置换焊补燃料容器及管道时，必须采取严格的安全防范措施。

（1）严格控制容器内含氧量

焊补过程中，要加强气体成分的分析，当发现含氧量超出安全值时，应立即停止焊补。

（2）正压操作

焊补前和焊补过程中，容器内必须连续保持稳定的正压，这是关键，一旦出现负压，空气进入正在焊补的容器中，必然引起爆炸。正压大小要控制在 0.02～0.067MPa 之间。此外，应设置水压计，专人看管。

（3）严格控制工作地点周围可燃气体的含量

必须小于该可燃物爆炸下限的 1/3 或 1/4，否则不得施焊。

（4）焊补操作的安全技术要求

① 焊工应避开点燃的火焰，防止烧伤。

② 预先调好焊接工艺参数，焊接电流太大，会在介质的压力作用下，产生更大的熔孔，造成事故。

③ 遇到周围条件发生变化，如系统内压力急剧下降或含氧量超过安全值等，都要立即停止焊补。

④ 焊补过程中，如果发生猛烈喷火时，应立即采取消防措施，但火未熄灭以前不得切断可燃气体来源，不能降低系统压力，以防止容器吸入空气形成爆炸性混合物。

⑤ 焊补前应先弄清楚焊补部位的情况，如形状、大小及补焊范围。

三、焊接作业的防火防爆措施

① 在焊接现场要有必要的防火设备和器材，诸如消火栓、砂箱、灭火器（四氯化碳、二氧化碳、干粉灭火器）。焊接施工现场发生火灾，应立即切断电源，然后采取灭火措施。必须注意，在焊接车间不得使用水和泡沫灭火器进行扑救，预防触电伤害。

② 禁止在储有易燃、易爆物品的房间或场地进行焊接。在可燃性物品附近进行焊接作业时，必须有一定的安全距离，一般距离应大于 10m。

③ 严禁焊接有可燃性液体和可燃性气体及具有压力的容器和带电的设备。

④ 对于存有残余油脂、可燃液体、可燃气体的容器，应先用蒸汽吹洗或用热碱水冲洗，然后开盖检查，确实冲洗干净时方能进行焊接。对密封容器不准进行焊接。

⑤ 在周围空气中含有可燃气体和可燃粉尘的环境严禁焊接作业。

第二节　焊接劳动卫生与防护

一、电弧焊接有害因素

电弧焊接作业中会不可避免产生各种有害因素，主要有：电弧辐射、高频电场、金属和非金属粉尘、有毒气体、金属飞溅、射线和噪声等，这些因素对人体都有相当程度的损害，必须采取适当的防护措施即劳动保护。不同的焊接方法、焊接规范、焊接母材、焊接材料以及操作熟练程度，有害因素的表现形式有着很大差别。

二、电弧焊接劳动保护措施

不同的有害因素需采取不同的措施进行保护。

（一）焊接弧光的危害与防护

1. 焊接弧光对人体的危害

电弧光辐射主要包括红外线、紫外线和可见光。弧光辐射作用到人体上，被体内组织吸收，引起组织的热作用、光化学作用或电离作用，致使体内组织发生急性或慢性的损伤。

紫外线主要造成对皮肤和眼睛的伤害。眼睛受到紫外线的照射后能引起电光性眼炎，表现为眼睛疼痛，有砂粒感、流泪、怕风、头疼头晕、发烧等症状；皮肤受到紫外线照射会发红、触痛、变黑、脱皮。紫外线对纤维织物有破坏和褪色作用。

焊接电弧可见光的光度比人所能承受的光度大一万倍。被照射后眼睛疼痛，看不清东西，通常叫电焊"打眼"。远处看电焊弧光时禁止直视，特别是引弧时。不戴防护面罩禁止近处观看电焊弧光。

2. 防止弧光辐射的措施

① 电焊工作业时，应按照劳动部门颁发的有关规定使用劳保用品、穿戴符合要求的工作服、鞋帽、手套、鞋盖等，以防止电弧辐射和飞溅烫伤。

② 焊工进行焊接作业时，必须使用镶有吸收式滤光镜片的面罩。滤光镜片应根据电流强度进行选择。使用的手持式或者头盔式保护面罩应轻便、不易燃、不导电、不导热、不漏光。

③ 为了保护焊接工地其他工作人员的眼睛，一般在小件焊接的固定场所安装防护屏。在工地焊接时，电焊工在引弧时应提醒周围人注意避开弧光，以免弧光伤眼。

④ 夜间工作时，应有良好的照明，不然光线亮度反复变化而引起焊工眼睛疲劳。

⑤ 当引起电光性眼炎时可到医院就医。也可用奶汁（人或牛奶）滴眼，每隔 $1 \sim 2min$ 滴一次，$4 \sim 5$ 次即可。

（二）高频电磁场的防护

高频电磁场会引起头晕、头痛、疲乏无力、记忆力减退、心悸、胸闷和消瘦等症状。为了减少高频电磁场对焊工的有害影响，使用的焊接电缆应采用屏蔽线。

（三）焊接烟尘和有毒气体的防护

1. 来源及其危害

电弧焊时产生的烟和粉尘是焊条和母材金属熔融时所产生的蒸气在空气中迅速冷凝和氧化形成的烟，其颗粒直径往往小于 $0.1\mu m$。$0.1 \sim 10\mu m$ 的颗粒称之为粉尘。焊条药皮中各种成分的蒸发和氧化也是焊接烟尘的主要来源。

金属烟尘是一种有害的因素，尤其是焊条电弧焊。烟尘的主要成分是铁、硅、锰等，其中主要毒物是锰。焊接烟尘是造成焊工矽肺的直接原因，焊接矽肺多在 10 年，甚至 $15 \sim 20$ 年发病，主要症状为气短、咳嗽、胸闷、胸痛。锰及其化合物主要作用于末梢神经系统和中枢神经系统，轻微中毒表现为头晕、失眠，舌、眼睑和手指细微震颤。中毒进一步发展，出现转弯、下蹲困难，甚至走路失去平衡。

2. 防护措施

其主要防护措施为排除烟尘和有害气体，采取通风技术措施。必要时戴静电口罩或氯化布口罩。当条件恶劣，通风不良情况下，必须采用通风头罩、送风口罩等防护设备。

① 采取车间整体通风和焊接工位局部通风，排除金属烟尘和有害气体。

② 容器内部焊接时，安装抽风机，随时更换内部空气。

③ 改进焊接工艺，减少有毒气体的产生；尽量采用埋弧自动焊代替焊条电弧焊；采用单面焊双面成型代替双面焊，从而减少在容器内部施焊的机会，减轻焊接职业危害。

④ 加强焊接作业安全卫生管理。

第二章 焊条电弧焊设备及应用

第一节 焊条电弧焊设备

一、对弧焊电源的基本要求

弧焊电源是电弧焊机中的核心部分，是用来对焊接电弧提供电能的一种专门设备。为满足焊接工作的需要，弧焊电源应具有一定的空载电压、短路电流，一定的外特性、动特性和调节特性。

1. 弧焊电源的空载电压

当弧焊电源接通电网而输出端没有负载时，焊接电流为零，此时输出端的电压称为空载电压。弧焊电源空载电压高，有利于电子发射，引弧容易，电弧燃烧稳定；空载电压太低，引弧将发生困难，电弧燃烧也不稳定。但空载电压高，则设备体积大、质量大、耗费的材料也多，而且功率因数低，对使用和制造都不经济。空载电压高也不利于焊工人身安全。综合考虑以上因素，在确保引弧容易、电弧稳定的条件下空载电压应尽可能低些。GB/T 118—1995 规定的空载电压规定值见表 2-1。

表 2-1 弧焊电源的空载电压规定值

电源类型	弧焊变压器	弧焊整流器	弧焊发电机
最大空载电压/V	80	90	100

2. 弧焊电源短路电流

当电极和焊件短路时，电压为零，弧焊电源的输出电流称为短路电流 I_s。在引弧和熔滴过渡时，经常发生短路，短路电流 I_s 一般应稍大于焊接电流，这将有利于引弧。但短路电流 I_s 过大，会使焊条过热，药皮脱落，引起焊接飞溅，电源易过载。一般情况下，短路电流满足以下要求较为合适。

$$1.25 < \frac{I_s}{I} < 2$$

式中 I——焊接电流。

3. 弧焊电源外特性

在稳定状态下，弧焊电源的输出电压与输出电流的关系称为弧焊电源的外特性。弧焊电源外特性分为下降特性、平特性和上升特性。下降特性又分为缓降特性、陡降特性两种，如图 2-1 所示。

弧焊时，电弧静特性曲线与电源外特性曲线的交点就是电弧燃烧的工作点。焊条电弧焊时的电弧静特性曲线一般工作在平特性段。由于焊条电弧焊时弧长不断变化，常配用陡降外特性曲线的电源，如图 2-2 所示。当弧长变化相同量时，陡降特性电源的焊接电流变化不大，所以有利于焊接电流的稳定。而且采用陡降外特性的电源，在遇到干扰时，焊接电流恢复到稳定值的时间较缓降的短，进一步提高了电弧稳定性，所以焊条电弧焊电源常配用具有陡降外特性的电源。

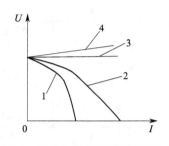

图 2-1　弧焊电源的不同外特性曲线
1—陡降特性；2—缓降特性；
3—平特性；4—上升特性

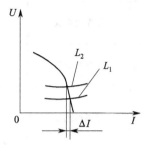

图 2-2　焊条电弧焊电源陡降外特性曲线

4. 弧焊电源动特性

在焊接过程中，焊条与焊件之间发生频繁的短路，重新引弧和电弧燃烧，对电源动特性有一定的要求。短路时要提供合适的短路电流，电极抬起时，焊接电源要很快达到空载电压。如果焊接电源输出的电流和电压不能很快地适应弧焊过程中的这些变化，电弧就不能稳定地燃烧甚至熄灭。通常规定电压恢复时间不大于 0.05s。焊接电源适应焊接电弧变化特性称为焊接电源的动特性。

5. 弧焊电源的调节特性

焊接时，根据母材的特性、厚度、几何形状的不同，要选用不同的焊接电流、电弧电压。因此要求弧焊电源能在较大范围内均匀、灵活地选择合适的焊接电流值。

6. 弧焊电源的结构

弧焊电源的结构，必须牢固、轻巧，使用、维修较为方便等。

二、弧焊电源型号的编制与主要技术参数

根据焊接电流，将弧焊电源分为交流弧焊电源、直流弧焊电源和脉冲弧焊电源。

1. 编号

我国弧焊电源型号按 GB 10249—88 标准规定编制。弧焊电源型号采用汉语拼音字母及阿拉伯数字组成，其编排次序及各部分含义如下：

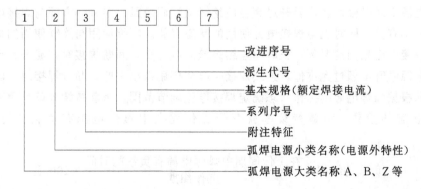

型号中 1、2、3、6 各项用汉语拼音字母表示，4、5、7 各项用阿拉伯数字表示，型号中 3、4、6、7 项若不用时，其他各项排紧，弧焊电源型号代表字母见表 2-2。

表 2-2　弧焊电源型号代表字母

大类名称	代表含义	小类名称	代表含义	系列序号	代表含义
A	弧焊发电机	X	下降特性	1	动铁芯式
				2	串联电抗器式
B	弧焊变压器	P	平特性	3	动圈式
				4	晶体管式
Z	弧焊整流器	D	多特性	5	晶闸管式
				6	变换抽头式
				7	变频式

附注特征：可控硅整流器用"K"表示，硅整流器用"G"表示，铝绕组用"L"表示。

2. 弧焊电源的主要参数

每台弧焊电源设备上都有金属铭牌，上面标有弧焊电源的主要技术指标，在没有使用说明书的情况下，它是弧焊电源可靠的原始参数。焊工应看懂标牌并理解各项技术指标的意义。在铭牌上列有该台弧焊电源设备的主要参数：一次电压、电流、功率、相数、二次空载电压和工作电压，额定焊接电流和焊接电流调节范围，负载持续率等。以 BX3-300 弧焊电源的铭牌，说明这些参数的意义。

初级电压	380V	次级空载电压	75/60V
相数	1	频率	50Hz
电流调节范围	40~400A	负载持续率	60%
负载持续率	100、60、35	一次电流/A	41.8、54、72
容量/(kV·A)	15.9、20.5、27.8	二次电流/A	232、300、400

（1）一次电压、一次电流、功率和相数

这些参数说明焊接电源接入网络时的要求。例如，BX3-300 接入单相 380V 电网，容量 20.5kV·A。

（2）空载电压

表示焊接电源的空载电压。例如，BX3-300 的空载电压有 75V 和 60V 两档。

（3）负载持续率

焊接电源工作时会发热，温升过高会使绝缘损坏而烧毁。温升一方面与焊接电源提供的焊接电流大小有关，同时也与焊接电源使用的状态有关。断续使用与连续使用的情况是不一样的。在焊接电流相同情况下，长时间连续焊接时温升高，间断焊接时，温升就低。所以为保证弧焊电源温升不超过允许值，连续焊接时电流要用得小一些，断续焊接时，电流可用得大一些，即根据弧焊电源的工作状态确定焊接电流调节范围。负载持续率就是用来表示弧焊电源工作状态的参数。负载持续率就等于工作周期中弧焊电源有负载的时间所占的百分数。

$$负载持续率 = \frac{在工作周期中弧焊电源有负载的时间}{工作周期} \times 100\%$$

我国标准规定，对于容量 500A 以下的弧焊电源，以 5min 为一个工作周期计算负载持续率。例如，焊条电弧焊时只有电弧燃烧时电源才有负载，在更换焊条、清渣时电源没有负载。如果 5min 内有 2min 用于换焊条和清渣，那么负载时间只有 3min，负载持续率则等于 60％。对于任何一台电源，负载持续率越高，则允许使用的焊接电流越小。

（4）额定负载持续率和电源容量

设计弧焊电源时，根据其最经常的工作条件选定的负载持续率，称为额定负载持续率，额定负载持续率下允许使用的电流称为额定焊接电流。如 BX3-300 弧焊电源的额定负载持续率是 60％，这时允许的电流为 300A 即为其额定电流。负载持续率增加，允许使用的焊接电流减少；反之，负载持续率减小，允许使用的焊接电流增加。如 BX3-300 弧焊电源的负载持续率为 100％时，其允许使用的焊接电流为 232A，而当负载持续率为 35％时，其允许使用的焊接电流为 400A，也就是说，BX3-300 弧焊电源的额定电流为 300A，最大电流为 400A。因此，使用弧焊电源时，不能超过铭牌上所规定的不同负载持续率下允许使用的焊接电流，否则会造成弧焊电源超载而温升过高，以致烧毁。

三、常用焊条电弧焊设备

（一）BX1-330 型弧焊变压器

BX1-330 型弧焊变压器是目前国内使用较广的一种弧焊电源，属于动铁芯漏磁式，空载电压为 70V/60V，工作电压为 30V，电流调节范围为 50～450A。

1. 结构特点

BX1-330 型弧焊变压器属于动铁芯式，弧焊电源的外形及外部接线，如图 2-3 所示。

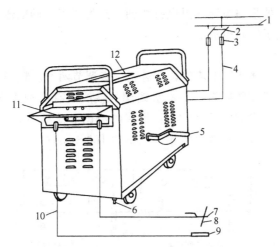

图 2-3 BX1-330 型弧焊变压器及外部接线

1—电源；2—闸刀开关；3—熔断器；4—电源电缆线；5—焊机细调电流手把；
6—地线接头；7—焊钳；8—焊条；9—焊件；10—焊接电缆线；
11—粗调电流接线板；12—电流指示盘

其内部结构如图 2-4 所示，其中两边为固定的主铁芯，中间为可动铁芯。变压器的初级线圈为筒形，绕在一个主铁芯柱上。次级线圈分为两部分：一部分绕在初级线圈外面；另一部分兼作电抗线圈，绕在另一个主铁芯柱上。弧焊电源的两侧装有接线板，一侧为初级接线板，供接入网络用；另一侧为次级接线板，供接入焊接回路用。

2. 工作原理

BX1-330 型弧焊变压器的工作原理如图 2-4 所示，弧焊电源的陡降外特性是靠可动铁芯的漏磁作用而获得的。

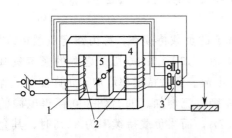

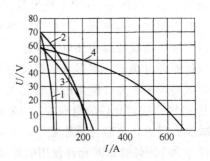

图 2-4 BX1-330 型弧焊变压器的原理图

1—初级线圈；2—次级线圈；3—次级接线板；

4—固定铁芯；5—活动铁芯

图 2-5 BX1-330 型弧焊

变压器外特性曲线

空载时，由于无焊接电流通过，电抗线圈不产生电压降，故具有较高的空载电压，便于引弧。

焊接时，次级线圈有焊接电流通过，同时在铁芯内产生磁通，可动铁芯中的漏磁显著增加，这样次级电压就下降，从而获得了陡降的外特性，其外特性曲线如图 2-5 所示，图中的曲线 1、2 对应接法 I，动铁芯分别在最内位置和最外位置；曲线 3、4 对应接法 II，动铁芯分别在最内位置和最外位置。

短路时，由于很大的短路电流通过电抗线圈，产生了很大的电压降，使次级线圈的电压接近于零，这样就限制了短路电流。

3. 焊接电流的调节

BX1-330 型弧焊变压器焊接电流的调节有粗、细调节两种。粗调节是通过次级线圈不同的接线方法，改变次级线圈的匝数。在次级线圈的接线板有两种接线方法，如图 2-6 所示。当连接片接在 I 位置时，空载电压为 70V，焊接电流调节范围为 50～180A；当连接片接在 II 位置时，空载电压为 60V，焊接电流调节范围为 160～450A。

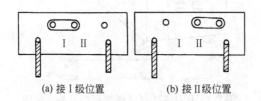

(a) 接 I 级位置　　(b) 接 II 级位置

图 2-6 BX1-330 型弧焊变压器电流的粗调节

焊接电流的细调节是通过转动调节手柄改变动铁芯的位置来实现，如图 2-3 所示。将弧焊电源电流细调节手柄 5 逆时针转动，此时活动铁芯向外移动，焊接电流增大；顺时针转动，则焊接电流减小。使用时，将粗调节连接片和细调节手把配合使用，从而获取所需焊接电流。

(二) BX3-300 弧焊变压器

BX3-300 型弧焊变压器属于动圈式弧焊变压器，其空载电压为 75V/60V，工作电压为 30V，电流调节范围为 40～400A。

1. 结构特点

弧焊变压器有一个高而窄的口字形铁芯。高而窄的目的是为保证一、二次绕组之间的距

离 δ_{12} 有足够的变化范围，如图 2-7 所示。变压器的一、二次绕组分别做成匝数相等的两盘，用夹板夹成一整体。一次绕组固定于铁芯底部，二次绕组可用丝杆带动，摇动手柄而上下移动，通过改变 δ_{12} 的距离来调节电流。

2. 工作原理

由弧焊变压器的一、二次绕组分成两部分安放的，使两者之间造成较大的漏磁，焊接时使二次电压迅速下降，从而获得下降的外特性。

3. 焊接电流的调节

焊接电流的调节有粗调节和细调节两种。粗调节是通过改变一、二次绕组的接线方法，分为串联（接法Ⅰ）和并联（接法Ⅱ）来达到，如图 2-8 所示。接法Ⅰ时，空载电压为 75V，焊接电流调节范围为 40～125A，接法Ⅱ时，空载电压为 60V，焊接电流调节范围为 115～400A。细调节用转动手柄来改变一、二次绕组之间的距离来达到。顺时针转动手柄时，两者距离愈大，则两者间的漏磁也愈大，使焊接电流减小；相反，两绕组间距离愈小，则漏磁也愈小，因而使焊接电流增大。

动圈式弧焊变压器规范稳定，振动和噪声小。因为

图 2-7　动圈式弧焊变压器的
结构示意图

1——一次绕组；2—下夹板；3—下衬套；
4—二次绕组线圈；5—螺母；6—上衬套；
7—弹簧垫圈；8—铜垫圈；9—手
柄；10—丝杆固定压板；11—滚珠轴承；
12—压力弹簧；13—丝杆；14—螺钉；
15—压板；16—滚珠；17—上夹板

一、二次绕组间距离 δ_{12} 较大，尤其是使用小电流时，δ_{12} 调到最大值，此时的电磁振动力和噪声都最小，所以小电流焊接时参数比较稳定，焊接电流波动比动铁芯式弧焊电源要小。这类弧焊电源的缺点是：由于靠改变绕组间距离来细调电流，若要求电流下限较低，则 δ_{12} 应很大，这样铁芯需作得很高，大量消耗硅钢片，不够经济，所以通常做成中等容量较合适。

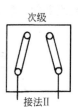

图 2-8　BX3-300 型弧焊变压器
电流的粗调节

（三）BX-500 型弧焊变压器

BX-500 型弧焊变压器的结构属于同体组合电抗器式，其空载电压为 60V，工作电压为 30～40V，电流调节范围为 150～700A。

1. 结构特点

BX-500 型弧焊变压器是一台与普通变压器不同的同体式降压变压器。其变压器部分和电抗体部分是装在一起的，铁芯形状像一个"日"字形，并在上部装有可动铁芯，改变它与固定铁芯的间隙大小，即可改变漏磁的大小，达到调节电流的目的。

在变压器的铁芯上绕有三个线圈：初级、次级及电抗线圈。初级线圈和次级线圈绕在铁芯的下部，电抗线圈绕在铁芯的上部，与次级线圈串联。在弧焊变压器的前后各装有一块接线板，电流调节手柄和次级接线板在同一方向。

2. 工作原理

BX-500 型弧焊变压器的工作原理及线路结构如图 2-9 所示，弧焊电源的陡降外特性是借助电抗线圈所产生的电压降来获得。

空载时，由于无焊接电流通过，电抗线圈不产生电压降，因此，空载电压基本上等于次

级电压，便于引弧。

　　焊接时，由于焊接电流通过，电抗线圈产生电压降，从而获得陡降的外特性。

　　短路时，由于很大的短路电流通过电抗线圈，产生很大的电压降，使次级线圈的电压接近于零，限制了短路电流。

　　3. 焊接电流的调节

　　BX-500 型弧焊变压器只有一种调节电流的方法，它是利用移动可动铁芯，改变它与固定铁芯的间隙。当顺时针方向转动手柄时，使铁芯间隙增大，焊接电流增加；反之，焊接电流则减小。

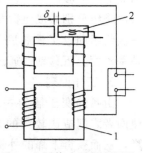

图 2-9　同体式弧焊变压器
1—定铁芯；2—动铁芯

　　（四）弧焊整流器

　　弧焊整流器是一种直流弧焊电源。它是利用交流电经过变压、整流后而获得直流电的。弧焊整流器基本上有硅弧焊整流器、可控硅弧焊整流器及晶体管式弧焊整流器三种。

　　按结构不同，硅弧焊整流器又可分为磁放大器式、动圈式、动铁式、抽头式、附加变压器式、滑动变压器式、电调自感式、高压引弧式、交直流两用式、多站式等多种类型。根据硅弧焊整流器外特性的不同，它们的型号分别为：下降特性硅弧焊整流器——ZXG 型；平特性硅弧焊整流器——ZPG 型；多特性硅弧焊整流器——ZDG 型。

　　ZXG-300 型硅弧焊整流器属于磁放大器式类型，其空载电压为 70V，额定工作电压为 25～30V，电流调节范围为 15～300A。

　　1. 结构特点

　　ZXG-300 型硅弧焊整流器如图 2-10 所示，它主要由三相降压变压器、饱和电抗器、硅整流器组、输出电抗器、通风机组以及控制系统等部分组成。

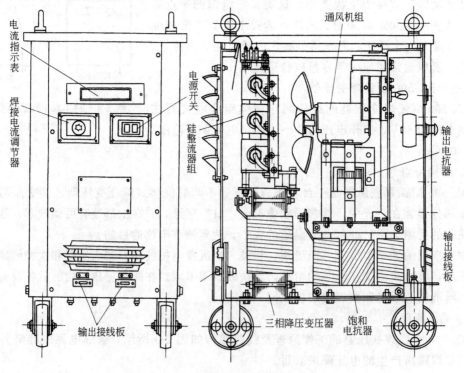

图 2-10　ZXG-300 型弧焊整流器

（1）三相降压变压器

三相降压变压器其作用是将网络电压降至焊接所需的电压值后，供给饱和电抗器及硅整流器组。初级绕组接成 Y 形，次级为△形。

（2）饱和电抗器

饱和电抗器其作用是使得弧焊电源获得下降的外特性。

（3）硅整流器组

硅整流器组有六只硅整流器，分别串联在饱和电抗器的交流绕组上，以形成一个三相桥式整流电路。通过硅整流器组，可获得近似平直的直流电。

（4）输出电抗器

它是一只串联在焊接回路内的带有间隙的铁芯式电抗器，其作用是使焊接电流更加平直，减小经硅整流器组获得的直流电的脉冲性。

（5）通风机组

弧焊电源采用螺旋式通风机，以冷却硅整流器组。

2．工作原理

（1）空载时

由于空载时三相变压器次级绕组无电流通过，饱和电抗器不产生附加压降，所以能保证有较高的空载电压，便于引弧。

（2）焊接时

焊接时的焊接电流通过饱和电抗器上的交流绕组，使饱和电抗器的铁芯产生了磁通，造成了压降。随着焊接电流的增大，压降也增大，这就限制了短路电流。

（3）短路时

焊接短路时，由于短路电流很大，使通过饱和电抗器的交流电激增，由此产生很大的电压降，使工作电压几乎下降到零，这就限制了短路电流。

3．焊接电流的调节

焊接电流的调节方法只有一种，均在焊机面板上进行，先开启电源开关，转动电流调节器，电流指示表指示电流数值。电流调节器沿顺时针方向转动时，焊接电流增加，沿逆时针方向转动时，焊接电流减少。

四、电弧焊设备的正确使用

弧焊电源是供电设备，在使用过程中一是要注意到对操作者的安全，不要出人身触电事故；二是要注意到对弧焊电源的正常运行和维护保养，不应发生损坏弧焊电源的事故。

为了正确地使用弧焊电源，应注意如下几个方面。

① 应尽可能要放在通风良好、干燥、不靠近高温和空气粉尘多的地方。弧焊整流器要特别注意保护和冷却。

② 接线和安装应由专门的电工负责，焊工不应自行动手。

③ 弧焊变压器和弧焊整流器必须接地，以防机壳带电。

④ 弧焊电源接入电网时，必须使两者电压相符合。

⑤ 启动弧焊电源时，电焊钳和焊件不能接触，以防短路。焊接过程中，也不能长时间短路，特别是弧焊整流器，在大电流工作时，产生短路会使硅整流器烧坏。

⑥ 应按照弧焊电源的额定焊接电流和负载持续率来使用，不要使弧焊电源因过载而被损坏。

⑦ 经常保持焊接电缆与弧焊电源接线柱的接触良好，注意紧固螺母。

⑧ 调节焊接电流和变换极性接法时，应在空载下进行。

⑨ 露天使用时，要防止灰尘和雨水侵入弧焊电源内部。

⑩ 弧焊电源移动时不应受剧烈振动，特别是硅整流弧焊电源更忌振动，以免影响工作性能。

⑪ 要保持弧焊电源的清洁，特别是硅整流弧焊电源，应定期用干燥压缩空气吹净内部的灰尘。

⑫ 当弧焊电源发生故障时，应立即将弧焊电源的电源切断，然后及时进行检查和修理。

⑬ 工作完毕或临时离开工作场地时，必须及时切断电源。

五、弧焊电源的故障、产生原因及消除方法

1. 弧焊变压器

弧焊变压器一般要比直流弧焊电源容易维护，故障较少。但同样也要给予重视。弧焊变压器的常见故障及消除方法见表 2-3。

表 2-3　弧焊变压器的常见故障及消除方法

故障现象	产生原因	消除方法
变压器过热	①变压器过载 ②变压器绕组短路	①降低焊接电流或负载持续率 ②消除短路处
导线接线处过热	接线处接触电阻过大或接线螺丝太松	将接线松开，用砂纸或小刀将接触面清理出金属光泽，然后旋紧螺丝
可动铁芯在焊接时发出嗡嗡响声	可动铁芯的制动螺丝或弹簧太松	旋紧螺丝，调整弹簧
焊接电流忽大忽小	动铁芯在焊接时位置不稳定	将动铁芯调节手柄固定或将动铁芯固定
焊接电流过小	①焊接导线过长，电阻大 ②焊接导线盘成盘形，电感大 ③电缆线接头或与工件接触不良	①减短导线长度或加大线径 ②将导线放开，不要成盘形 ③使接头处接触良好

2. 手弧焊整流器

手弧焊整流器的使用和维护与弧焊变压器相似，不同的是它装有整流部分，因此，必须根据弧焊电源整流和控制部分的特点进行使用和维护。当硅整流器损坏时，要查明原因，弄清故障后才能更换新的硅整流器。手弧焊整流器的常见故障及消除方法见表 2-4。

表 2-4　手弧焊整流器的常见故障及消除方法

故障现象	产生原因	消除方法
机壳漏电	①电源接线误碰机壳 ②变压器、电抗器、风扇及控制线路元件等碰机壳 ③未接地线或接触不良	①消除碰处 ②接好地线
空载电压过低	①电源电压过低 ②变压器绕组短路	①调高电源电压 ②消除短路
电流调节失灵	①控制绕组短路 ②控制回路接触不良 ③控制整流器回路元件击穿	①消除短路 ②使接触良好 ③更换元件
焊接电流不稳定	①主回路接触器抖动 ②风压开关抖动 ③控制回路接触不良，工作失常	①消除抖动 ②检修控制回路

续表

故障现象	产生原因	消除方法
工作中焊接电压突然降低	①主回路部分或全部短路 ②整流元件击穿或短路 ③控制回路断路	①消除短路 ②更换元件 ③检修调整控制回路
电表无指示	①电表或相应接线短路 ②主回路出故障 ③饱和电抗器和交流绕组断线	①修复电表 ②排除故障 ③消除断路处
风扇电机不动	①熔断器熔断 ②电动机引线或绕组断线 ③开关接触不良	①更换熔断器 ②接好或修好断线 ③使接触良好

第二节　焊条电弧焊常用工具、量具

一、焊条电弧焊常用工具

焊条电弧焊常用的工具有焊钳、焊接电缆、面罩、清渣工具、焊条保温筒和一些简单工具。

1. 焊钳

焊钳是用以夹持焊条（或碳棒）并传导电流以进行焊接的工具。焊接对焊钳有如下要求。

① 焊钳必须有良好的绝缘性与隔热能力。

② 焊钳的导电部分采用紫铜材料制成，保证有良好的导电性。与焊接电缆连接应简便可靠，接触良好。

③ 焊条位于水平、45°、90°等方向时，焊钳应能夹紧焊条，更换焊条方便，并且质量轻，便于操作，安全性高。

常用焊钳有300A、500A两种规格，其技术参数见表2-5。焊钳构造如图2-11所示。

表2-5　焊钳技术参数

型号	额定电流/A	焊接电缆孔径/mm	适用的焊条直径/mm	重量/kg	外形尺寸/(mm×mm×mm)
300A型	300	14	2～5	0.34	235×80×36
500A型	500	18	3.2～8	0.4	258×86×38

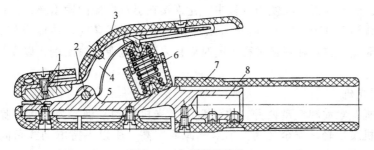

图2-11　电焊钳的构造
1—钳口；2—固定销；3—弯臂罩壳；4—弯臂；5—直柄；
6—弹簧；7—胶布手柄；8—焊接电缆固定处

2. 焊接电缆

焊接电缆的作用是传导焊接电流。焊接对焊接电缆有如下要求。

① 焊接电缆用多股细纯铜丝制成，其截面应根据焊接电流和导线长度选择。

② 焊接电缆外皮必须完整、柔软、绝缘性好，如外皮损坏应及时修好或更换。

③ 焊接电缆长度一般不宜超过 20～30m，如需超过时，可以用分节导线，连接焊钳的一段用细电缆，便于操作，减轻焊工的劳动强度。电缆接头最好使用电缆接头连接器，其连接简便牢固。焊接电缆型号有 YHH 型电焊橡胶套电缆和 YHHR 型电焊橡胶特软电缆，电缆的选用可参考表 2-6。

表 2-6   焊接电流、电缆长度与焊接电缆铜芯截面的关系

截面/mm² 导线长/m 焊接电流/A	20	30	40	50	60	70	80	90	100
100	25	25	25	25	25	25	25	28	35
200	35	35	35	35	50	50	60	70	70
300	35	35	50	50	60	70	70	70	70
400	35	50	60	60	70	70	70	85	85
500	50	60	85	85	95	95	95	120	120
600	60	70	85	85	95	95	120	120	120

3. 面罩

面罩是为防止焊接时产生的飞溅、弧光及其他辐射对焊工面部及颈部损伤的一种遮蔽的工具，有手持式和头盔式两种。面罩上装有用以遮蔽焊接有害光线的护光遮光镜片，可按表 2-7 选用。选择护目玻璃的色号，还应考虑焊工的视力，一般视力较好，宜用色号大些和颜色深些的护目玻璃，以保护眼睛。为防护护目镜片不被焊接时的飞溅损坏，可在外面加上两片无色透明的防护白玻璃。有时为增加视觉效果可在护目镜后加一片焊接放大镜。

表 2-7   焊工护目镜片选用参考表

色　号	颜色深浅	适用电流/A	尺寸(A×B×C)/(mm×mm×mm)
7～8	较浅	≤100	2×50×107
9～10	中等	100～350	2×50×107
11～12	较深	≥350	2×50×107

4. 焊条保温筒

焊条保温筒能使焊条从烘箱内取出后放在保温筒内继续保温，以保持焊条药皮在使用过程中的干燥度。焊条保温筒在使用过程中，先连接在弧焊电源的输出端，在弧焊电源空载时通电加热到工作温度 150～200℃后再放入焊条。装入电焊条时，应将电焊条斜滑入筒内，防止直捣保温筒底。并且在焊接过程中断时应接入弧焊电源的输出端，以保持焊条保温筒的工作温度。

5. 角向磨光机

角向磨光机有电动和气动两种，电动角向磨光机转动平稳、力量大、噪声小、使用方便；气动磨光机质量轻、安全性高，但对气源要求高，所以手持电动式角向磨光机用得较多。角向磨光机用于焊接前的坡口钝边磨削、焊件表面的除锈、焊接接头的磨削、多层焊时层间缺陷的磨削及一些焊缝表面缺陷等的磨削工作。

（1）电动角向磨光机的使用要求

① 使用前必须做认真检查，整机外壳不得有破损，砂轮防护罩应完好牢固，电缆线和插头不得有损坏。

② 接电源前，必须首先检查电网电压是否符合要求，并将开关置于断开位置。在停电时应关断开关，并切断电源，以防意外。

③ 使用时，打开开关，先通电运行几分钟，检查角向磨光机转动是否灵活。在磨削过程中，不要让砂轮受到撞击，应尽可能地使砂轮的旋转平面与焊件表面成 15°～30°的夹角。使用过程中，如磨光机的转动部件卡住或转速急剧下降甚至突然停止转动时，应立即切断电源，送交专职人员处理。

④ 搬动角向磨光机时应手持机体或手柄，不能提拉电缆线。

⑤ 角向磨光机的砂轮磨损至接近电动机时应更换砂轮，更换前应切断电源，送交专职人员处理。

（2）角向磨光机的维护与保养

① 经常观察电刷的磨损情况，及时更换已磨损的电刷。

② 角向磨光机应置于干燥、清洁、无腐蚀性气体的环境中，机壳不能接触有害溶剂。

③ 保持风道畅通，定期清除机内油污和尘垢。

④ 每季度至少进行一次全面检查，并测量其绝缘电阻，其值不得小于 7MΩ。梅雨季节应更加注意。

6．其他辅具：焊接中清理工作很重要，必须清除掉工件和前层熔敷的焊缝金属表面上的油垢、熔渣和对焊接有害的杂质。为此，焊工还应备有清渣锤、钢丝刷、扇铲和锉刀等辅助工具。

二、焊工常用量具

1．钢直尺

钢直尺用以测量长度尺寸，常用薄钢板或不锈钢制成。钢直尺的刻度误差规定，在 1cm 分度内误差不得超过 0.1mm。常用的钢直尺有 150mm、300mm、500mm 和 1000mm 等四种长度。

2．游标卡尺

游标卡尺用以测量工件的外径、孔径、长度、宽度、深度和孔距等，是一种中等精度的常用量具，测量精度为±0.02mm。

3．焊缝量规

焊缝量规用以检查坡口角度和焊件装配质量，这种量规的构造及使用如图 2-12 所示。

4．焊道量规

焊道量规是用来测量焊脚尺寸的量具。此种量规制作简单，只要用一块厚 1.5～2.0mm 的钢板，在角上切去一个边长为 6mm、8mm、10mm 或 12mm 的等腰三角形，并在切去的斜边两头上适当地挖出如图 2-13 所示的两个弧形就成了。使用方法如图 2-14 所示，图 2-14（a）说明焊道的焊角大小是 8mm，而图 2-14（b）说明焊道的焊角大于 6mm，需用 8mm 或其他长度去测量。

5．焊工万能量规

是一种精密量规，用以测量焊件焊前的坡口角度、装配间隙、错位以及焊后对接焊缝的余高、焊缝宽度和角焊缝的焊脚等，如图 2-15 所示。

焊缝万能量规的外形尺寸为（71×54×8）mm³，重 80g。使用时应避免磕碰划伤，不要接触腐蚀性的气体、液体，保持尺面清晰，用毕放入封套内。

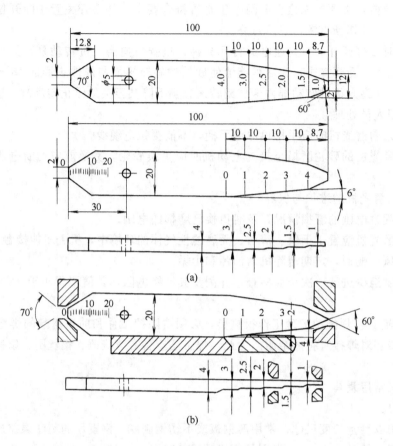

图 2-12　焊缝量规

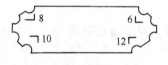

图 2-13　简单丁字形量规

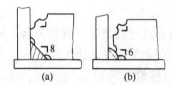

图 2-14　简单丁字形焊道量规的使用方法

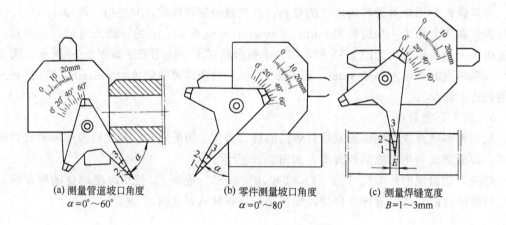

(a) 测量管道坡口角度
$\alpha = 0° \sim 60°$

(b) 零件测量坡口角度
$\alpha = 0° \sim 80°$

(c) 测量焊缝宽度
$B = 1 \sim 3mm$

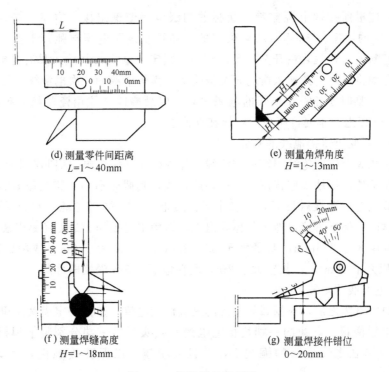

(d) 测量零件间距离
$L=1\sim40$mm

(e) 测量角焊角度
$H=1\sim13$mm

(f) 测量焊缝高度
$H=1\sim18$mm

(g) 测量焊接件错位
$0\sim20$mm

图 2-15 焊缝测量示例图

第三节 弧焊设备的安装

弧焊电源的安装是指将弧焊电源在其工作场所正确接入电网和焊接回路，并保证它能安全工作。弧焊电源的正确安装是保证弧焊电源正常使用、减少故障、提高寿命、保证安全及节约能源的重要条件。

弧焊电源的安装一般由电工和焊工合作完成。

一、弧焊电源室内、外安装的一般要求

1. 室内安装

在室内固定位置焊接时，弧焊电源应尽量靠近焊接地点，这样，既可减少焊接电缆长度，又可使焊工能及时方便地调节电流。若焊接地点不固定时，则弧焊电源应尽量安装在距各焊接地较近的位置。在选择弧焊电源安装位置时，还应考虑安装地点的环境条件，避免安装在墙脚、靠近水池、酸洗槽、碱槽等地方。如果必须在潮湿场所工作，应采取必要的防潮措施，例如在弧焊电源下面垫上木板或橡胶板等。

2. 室外安装

室外安装分固定式安装和移动式安装两种。对于前者，为防止雨、雪、风、砂和灰尘的危险，应为弧焊电源筑一临时遮蓬，但不要过于密封，以保证弧焊电源散热良好。对后者应为弧焊电源设置一个可移动的防雨罩，防雨罩可采用木质或钢质骨架外罩油毛毡、雨布等防雨材料，但不可用油毛毡或石棉瓦等直接盖在弧焊电源上遮雨。

二、弧焊变压器的安装

1. 固定式弧焊变压器动力线的安装

接线时，应根据弧焊电源铭牌上所标的初级电压值确定接入方案。初级电压有 380V 的，也有 220V 的，还有 380V/220V 两用的，必须使线路电压与弧焊电源规定电压一致。将选择好的熔断器、开关装在开关板上，开关板固定在墙上，并接入具有足够容量的电网。用选好的动力线将弧焊电源输入端与开关板连接。弧焊电源的一次电源线，长度一般不宜超过 2～3m。当有临时任务需要较长的电源线时，应沿墙或立柱用瓷瓶隔离布设，其高度必须距地面 2.5m 以上，不允许将电源线拖在地面上。

2．交流弧焊变压器接地线的安装

为了防止弧焊变压器绝缘损坏或初级线圈碰壳时使外壳带电而引起触电事故，弧焊电源外壳必须可靠接地。接地线应选用单独的多股软线，其截面不小于相线截面的 1/2。接地线与机壳的连接点应保证接触良好，连接牢固。接地线另一端可与地下水管或金属构架相接（接触必须良好），但不可接在地下气体管道上，以免引起爆炸。最好还是安装接地极，它可用金属管（壁厚大于 3.5mm，直径大于 25～35mm，长度大于 2m）或用扁铁（厚度大于 4mm，截面积大于 48mm^2，长度大于 2m）埋在地下 0.5m 深处即可。

3．焊接电缆线的安装

在安装焊接电缆之前，根据弧焊电源的最大焊接电流，选择一定横截面积，长度不超过 30m 的焊接电缆两根。电缆的一端均接上电缆铜接头，另一端分别装上焊钳或地线卡头。铜接头要牢牢卡在电缆端部的铜线上，并且要灌锡，以保证接触良好和具有一定的接合强度。

地线卡头装在地线的终端，其作用是保证地线与焊件可靠接触，地线卡头的形式如图 2-16 所示，螺旋卡头（a）适用于大中型焊件的焊接；钳式卡头（b）适用于经常更换焊件的焊接；固定式卡头（c）适用于地线固定在焊接胎夹具、工作台等固定位置的焊接。地线卡头可根据需要自行制造，地线卡头与工件的接触部分尽量采用铜质材料。

交流弧焊电源不分极性，可将焊接电缆铜接头一端分别接入弧焊电源输出接线板，并拧紧。

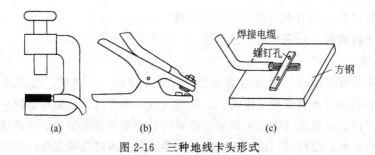

图 2-16　三种地线卡头形式

4．弧焊变压器安装后的检查与验收

弧焊电源安装后，须经试焊鉴定后方可交付使用。在接线完毕经检查无误后，先接通电源，用手背接触弧焊电源外壳，若感到轻微振动，则表示弧焊电源初级线圈已通电，此时弧焊电源输出端应有正常空载电压（60～80V）。然后将弧焊电源电流调到最大及最小，分别进行试焊，以检验弧焊电源电流调节范围是否正常可靠。在试焊中，应观察弧焊电源是否有异味、冒烟、异常噪声等现象。如有上述现象发生，应及时停机检查，排除故障。

经检查及试焊后，确定弧焊电源工作正常，则可投入使用，弧焊电源安装工作即告完成。

5．弧焊变压器的并联安装

在某些场合下，如需用大直径焊条以高的负载持续率进行施焊，而车间的现有小容量交流弧焊电源不敷应用，或者车间要进行埋弧焊但又缺少大容量的埋弧焊电源时，这就需要将两台交流弧焊电源并联使用，这时最好选用相同型号及规格的弧焊电源。当弧焊电源有大档、小档时，也应置于相同的档次。

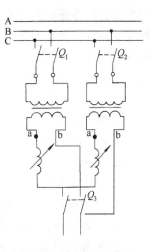

图 2-17　弧焊变压器的并联运行

弧焊变压器的并联使用应注意以下各点。

① 不论型号、容量是否相同，只要空载电压相同均可并联使用。

② 对于空载电压不同的弧焊电源，并联后空载时弧焊变压器之间会出现不均衡环流。因此，建议改装弧焊电源，最好将空载电压高的弧焊电源改为空载电压低的，使彼此的空载电压相同。

③ 并联运行中的弧焊变压器，要注意负载电流协调分配。可通过各弧焊电源的电流调节装置调配。

④ 两台弧焊变压器并联时，应将它们的初级绕组接在网路同一相上，次级绕组必须同极性相连。如图 2-17 所示。检查接线是否正确时，可先将两台弧焊电源次级绕组任意两个接线端相连，然后用电压表或 110V 灯泡接其余两个接线端，若电压表指示为零或灯泡不亮，则说明接法正确。否则应调换接线端，重新接好。

⑤ 多台并联时，可分组分相接入网路，以利三相负载均衡。

为保证并联的各弧焊电源不过载（注意负载持续率），最好在各个弧焊电源输出端分别接入电流表加以监视。

三、弧焊整流器的安装

1．弧焊整流器的安装

弧焊整流器的安装和弧焊变压器基本相同，所不同的只是后者一般是单相，而弧焊整流器多是三相。因此，弧焊整流器的动力线一般选择带接地线的三芯电缆，电缆的横截面积根据弧焊电源初级额定电流来确定。

2．弧焊整流器的并联使用

具有陡降外特性的弧焊整流器都可把相同的极性并联使用。

弧焊整流器有整流元件彼此起阻断作用，所以它们不会因空载电压不同而引起不均衡环流。但不同的弧焊整流器并联使用时，仍要注意电流合理分配。

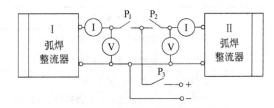

图 2-18　弧焊整流器的并联运用

弧焊整流器的并联运用如图 2-18 所示。先调节弧焊整流器Ⅰ与弧焊整流器Ⅱ，使两台弧焊整流器空载电压与负载电压都相同。然后合上 P_1、P_2 及 P_3。在焊接过程中，不可任意的变动焊接电流，如果确实需要改变使用电流，则必须将两台弧焊整流器同时调到相同电压和电流。另外还必须注意电流表的读数，以维持负载平衡，尽可能使两台弧焊整流器的负荷相等。弧焊整流器并联后，亦可进行单独的操作，但必须将另一台弧焊整流器的闸刀 P_1 或 P_2 断开。

实训课题一　弧焊设备的正确安装

1．实训任务

安装弧焊设备：BX1-330，BX3-300，ZXG-300（任选一种）。

2．实训要求

（1）实训内容

① 弧焊电源与接入电网的正确安装。

② 弧焊电源接地线的安装。

③ 弧焊电源输出回路的正确安装（弧焊整流器的"直流正接、直流反接"）。

④ 弧焊电源安装后的检查验收。

（2）工时定额

工时定额为 60min。

（3）安全文明生产

① 能正确执行安全技术操作规程。

② 能按企业有关文明生产的规定，做到工作地整洁，工件、工具摆放整齐。

3．实训技术准备

根据表 2-8 对弧焊电源作出正确选择。

表 2-8　弧焊电源参数选择

参数　　项目　　电源	应接入电网电压 /V	电源的最大焊接电流　/A	焊接电缆截面积 $/\mathrm{mm}^2$	焊钳型号	备　注
BX1-330					
BX3-300					
ZGX-300					

4．实训评分标准

表 2-9 为弧焊电源正确安装的实训评分表。

表 2-9　弧焊电源正确安装的实训评分表

序号	实训内容	配分	评分标准	实测情况	得分	备注
1	弧焊电源正确接入电网	20	接入电网电压的确定，选择错误扣10分；正确接线，接线错误扣10分			
2	弧焊电源的接地	10	正确接地，接线错误扣10分			
3	弧焊电源输出回路的正确安装	30	焊接电缆、焊钳的选择，选择错误扣10分；焊接电缆与弧焊电源的正确安装，安装错误扣10分；直流正接或直流反接，安装错误扣10分			
4	弧焊电源安装后的检查验收	12	空载电压，达不到规定值扣6分；最小与最大焊接电流，缺项没有检验扣6分			

续表

序号	实训内容	配分	评分标准	实测情况	得分	备注
5	焊接电缆与电缆铜接头的安装	7	牢固、可靠，接线安装不牢固、不可靠扣7分			
6	焊接电缆与焊钳的安装	7	牢固、可靠，接线不牢固、不可靠扣7分			
7	焊接电缆与地线接头安装	7	牢固、可靠，安装不牢固、不可靠扣7分			
8	安全操作规程	4	按达到规定的标准程度评定，违反有关规定扣1～4分			
9	文明生产规定	3	工作场地整洁，工具放置整齐合理不扣分；稍差扣1分，很差扣3分			
10	工时定额		按时完成；超工时定额5％～20％扣2～10分			
总　　分		100	实训成绩			

实训课题二　弧焊设备焊接电流的调节

1. 实训任务

按表2-10指定要求，任选一种弧焊电源调节焊接电流。

表2-10　弧焊电源调节焊接电流

电　源 　　　　　　　调节参数	焊接电流/A	焊接电流/A
BX1-330	120	260
BX3-300	100	180
ZGX-300	110	200

2. 实训要求

（1）实训内容

① 弧焊变压器焊接电流的粗调节、细调节。

② 弧焊整流器焊接电流的调节。

（2）工时定额

工时定额为15min。

（3）安全文明生产

① 能正确执行安全技术操作规程。

② 能按照企业文明生产的规定，做到工作场地整洁，工件、工具摆放整齐。

第三章 焊 条

第一节 焊条的组成与分类

一、焊条的组成

焊条是涂有药皮的供焊条电弧焊用的熔化电极。焊条的基本组成如图 3-1 所示。压涂在焊芯表面上的涂料层称为药皮；焊条中被药皮包覆的金属芯称为焊芯；焊条端部未涂药皮的焊芯部分长约 10～35mm，供焊钳夹持并有利于导电，是焊条夹持端。在焊条前端药皮有 45°左右倾角，将焊芯金属露出，便于引弧。在靠近夹持端的药皮上印有焊条牌号。

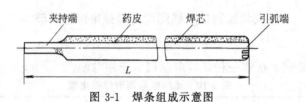

图 3-1 焊条组成示意图

1. 焊芯

焊芯一般是一根具有一定长度及直径的金属丝。焊接时焊芯有两个作用：一是传导焊接电流，产生电弧，把电能转换为热能；二是焊芯本身熔化，作为填充金属与液体母材金属熔合形成焊缝，同时起调整焊缝中合金元素成分的作用。焊条电弧焊时，焊芯金属约占整个焊缝金属的 50%～70%。

按照国家标准，用来制造焊芯的钢丝分为碳素结构钢、低合金结构钢、不锈钢三类。

（1）规格

焊条的规格都以焊芯的直径来表示。焊芯直径越大，其基本长度也相应长些。碳钢焊条焊芯的尺寸见表 3-1。

表 3-1 碳素钢焊条焊芯的尺寸

焊芯直径(基本尺寸)/mm	1.6	2.0	2.5	3.2	4.0	5.0	5.6	6.0	6.4	8.0
焊芯长度(基本尺寸)/mm	200～250	250～300			350～450			450～700		

（2）化学成分特点

焊芯中含有碳（C）、锰（Mn）、硅（Si）、磷（P）、硫（S）等基本合金元素。为保证焊接性能与质量，其成分特点是含碳（C）量少，含硫（S）、磷（P）量很低。质量不同的焊芯在最后标以一定符号以示区别：A 表示高级优质钢，其 S、P 的质量分数不超过 0.03%；E 表示特级优质钢，其 S、P 的质量分数不超过 0.02%。

2. 焊条药皮

（1）焊条药皮的作用

① 机械保护。利用焊条药皮熔化、分解后产生的气体能够防止空气中的氮、氧进入熔池。药皮熔化后形成的熔渣，覆盖在焊缝表面，隔绝了有害气体的影响，使焊缝金属冷却速度降低，有助于气体逸出，防止气孔的产生，改善焊缝的组织和性能。

② 冶金处理。通过熔渣和铁合金进行脱氧、去硫、去磷、去氢和渗合金等焊接冶金反应，去除有害元素，增添有用元素，使焊缝具有良好的力学性能。

③ 渗合金。焊条药皮中含有合金元素熔化后过渡到熔池中，可改善焊缝金属的成分和性能。

④ 改善焊接工艺性能。保证电弧容易引燃并稳定连续燃烧，减少飞溅，改善溶滴过渡和焊缝成形，使焊接过程正常进行。

（2）焊条药皮的类型

焊条药皮为了满足诸多要求，由多种原材料按一定的配比组成。药皮中原材料的作用是：稳弧、造气、造渣、脱氧、合金化、粘结、成形。

采用不同的材料，按不同的配比设计药皮便产生了多种不同类型的药皮。碳钢焊条（GB/T 5117—1995）和低合金钢焊条（GB/T 5118—1995）的药皮类型见表3-2。

表 3-2　碳钢和低合金钢焊条的药皮类型

药皮类型代号	药皮类型名称	药皮类型代号	药皮类型名称
00	特殊型	18	铁粉低氢型
01	钛铁矿型	20	高氧化铁型
03	钛钙型	22	氧化铁型
10	高纤维钠型	23	铁粉钛钙型
11	高纤维钾型	24	铁粉钛型
12	高钛钠型	27	铁粉氧化铁型
13	高钛钾型	28	铁粉低氢型
15	低氢钠型	48	铁粉低氢型
16	低氢钾型		

二、焊条的类型、代号及用途

焊条的分类方法很多，按焊条的用途分类见表3-3所示。

表 3-3　焊条的分类、代号及用途

类　别	代　号	用　途
碳钢焊条	E	主要用于强度等级较低的低碳钢和低合金钢的焊接
低合金钢焊条	E	主要用于低合金高强度钢、含合金元素较低的钼和铬钼耐热钢及低温钢的焊接
不锈钢焊条	E	主要用于含合金元素较高的钼和铬钼耐热钢及各类不锈钢的焊接
堆焊焊条	ED	主要用于金属表面层堆焊，其熔敷金属在常温或高温中具有较好的耐磨性和耐腐蚀性
铸铁焊条	EZ	专用于铸铁的焊接和补焊
镍及镍合金焊条		用于镍及镍合金的焊接、补焊或堆焊
铜及铜合金焊条	ECu	用于铜及铜合金的焊接、补焊或堆焊，其中部分焊条可用于铸铁补焊或异种金属的焊接
铝及铝合金焊条	TAl	用于铝及铝合金的焊接、补焊或堆焊
特殊用途焊条	TS	用于水下焊接、切割的焊条及管状焊条等

三、焊条型号的编制

焊条型号一般都由焊条类型的代号，加上其他表征焊条熔敷金属力学性能、药皮类型、焊接位置和焊接电流的分类代号组成。

1. 碳钢焊条

按照国家标准 GB/T 5117—1995《碳钢焊条》的规定，碳钢焊条共有两个系列 28 种型号，见表 3-4。碳钢焊条型号编制方法如下：

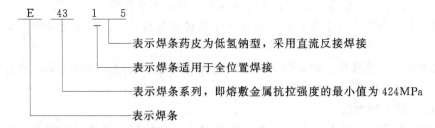

① 首字母"E"表示焊条。

② 前两位数字表示熔敷金属抗拉强度的最小值，单位为 kgf/mm^2（×9.8MPa），见示例中的 43。

③ 第三位数字表示焊接位置，"0"和"1"表示焊条适用于全位置焊接（平焊、立焊、仰焊、横焊），"2"表示焊条适用于平焊及平角焊，"4"表示焊条适用于向下立焊。当第三和第四位数字组合使用时，表示焊接电流种类及药皮类型。

④ 在第四位数字后附加"R"，表示耐吸潮焊条；附加"M"表示耐吸潮和力学性能有特殊规定的焊条；附加"—1"表示冲击性能有特殊规定的焊条。

表 3-4　碳钢焊条（GB/T 5117—1995）型号分类

焊条型号	药皮类型	焊接位置	电流种类
E43 系列——熔敷金属抗拉强度≥420 MPa(43kgf/mm^2)			
E4300	特殊型	平、立、仰、横	交流或直流正、反接
E4301	钛铁矿型		交流或直流正、反接
E4303	钛钙型		交流或直流正、反接
E4310	高纤维素钠型		直流反接
E4311	高纤维素钾型		交流或直流反接
E4312	高钠钾型		交流或直流正接
E4315	低氢钠型		直流反接
E4316	低氢钾型		交流或直流反接
E4320	氧化铁型	平	交流或直流正、反接
		平角焊	交流或直流正接
E4322		平	交流或直流正接
E43 系列——熔敷金属抗拉强度≥420MPa(43kgf/mm^2)			
E4323	铁粉钛钙型	平、平角焊	交流或直流正、反接
E4324	铁粉钛型		
E4327	铁粉氧化铁型	平	交流或直流正、反接
		平角焊	交流或直流正接
E4328	铁粉低氢型	平、平角焊	交流或直流反接

续表

焊条型号	药皮类型	焊接位置	电流种类
E50系列——熔敷金属抗拉强度≥490MPa(50kgf/mm²)			
E5001	钛铁矿型	平、立、仰、横	交流或直流正、反接
E5003	钛钙型		
E5010	高纤维素钠型		直流反接
E5011	高纤维素钾型		交流或直流反接
E5014	铁粉钛型		交流或直流正、反接
E5015	低氢钠型		直流反接
E5016	低氢钾型		交流或直流反接
E5018	铁粉低氢钾型		
E5018M	铁粉低氢型		直流反接
E5023	铁粉钛钙型	平、平角焊	交流或直流正、反接
E5024	铁粉钛型	平、平角焊	交流或直流正、反接
E5027	铁粉氧化铁型	平、平角焊	交流或直流正接
E5028	铁粉低氢型	平、平角焊	交流或直流反接
E5048		平、仰、横、立向下	

按照熔敷金属抗拉强度的不同，碳钢焊条形成两个系列，即 E43 系列（熔敷金属抗拉强度≥420 MPa）和 E50 系列（熔敷金属抗拉强度≥490 MPa）。

2. 低合金钢焊条

按照国家标准 GB/T 5118—1995《低合金钢焊条》的规定，低合金钢焊条型号由熔敷金属的力学性能、化学成分、药皮类型、焊接位置和焊接电流种类五部分组成。

下面以 E5515-B3-VWB 为例加以具体说明：

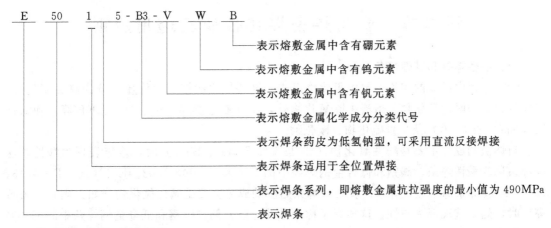

① 字母"E"表示焊条。

② 数字部分的意义和碳钢焊条一样。

③ 紧跟数字后的字母（称为后缀字母）为熔敷金属的化学成分分类代号，并以短线"-"与前面数字分开。如例中"B3"。

④ 若焊条还具有附加化学成分时，附加化学成分直接用元素符号表示，并以短线"-"

与前后缀字母分开。

⑤ E50××-×、E55××-×、E60××-×× 型低氢型焊条的熔敷金属化学成分分类后缀字母或附加化学成分后面加字母 "R" 时，表示耐吸潮焊条。

与碳钢焊条相类似，低合金钢焊条有 9 个不同的抗拉强度等级。依次为 E50 系列（熔敷金属抗拉强度 $\sigma_b \geqslant 490\mathrm{MPa}$）、E55 系列（$\sigma_b \geqslant 540\mathrm{MPa}$）、E60 系列（$\sigma_b \geqslant 590\mathrm{MPa}$）、E70 系列（$\sigma_b \geqslant 690\mathrm{MPa}$）、E75 系列（$\sigma_b \geqslant 740\mathrm{MPa}$）、E80 系列（$\sigma_b \geqslant 780\mathrm{MPa}$）、E85 系列（$\sigma_b \geqslant 830\mathrm{MPa}$）、E90 系列（$\sigma_b \geqslant 880\mathrm{MPa}$）、E100 系列（$\sigma_b \geqslant 980\mathrm{MPa}$）。低合金钢焊条型号的编制在碳素钢焊条的编制方法上增加了部分内容。表 3-5 列出了部分低合金钢焊条的型号。

表 3-5　常用低合金钢焊条型号

焊条型号	药皮类型	焊接位置	电流类型	备　注
E5015-A1	低氢钠型		直流反接	碳钼钢焊条
E5018-A1	铁粉低氢型		交流或直流反接	碳钼钢焊条
E5003-A1	钛钙型		交流或直流	碳钼钢焊条
E5503-B1	钛钙型		交流或直流	铬钼钢焊条
E5515-B2L	低氢钠型		直流反接	铬钼钢焊条
E6018-B3	铁粉低氢型	平、立、仰、横	交流或直流反接	铬钼钢焊条
E5515-C1	低氢钠型		直流反接	镍钢焊条
E5516-C3	低氢钾型		交流或直流反接	镍钢焊条
E5518-NM	铁粉低氢型		交流或直流反接	镍钼钢焊条
EXX03-G	钛钙型		交流或直流	其他焊条
E7018-M	铁粉低氢型		交流或直流反接	其他焊条

第二节　常用焊条焊接性能及选用原则

一、酸性焊条和碱性焊条

焊接过程中形成的熔渣主要由氧化物组成。这些氧化物按化学性质可分为碱性氧化物、酸性氧化物和两性氧化物。熔渣中除氧化物外，还有氟化物（CaF_2、NaF、KF 等）和氯化物（$NaCl$、KCl 等）及少量硫化物、碳化物。

当熔渣的成分主要是酸性氧化物（如 TiO_2、Fe_2O_3、SiO_2）时，熔渣表现为酸性，这类焊条称为酸性焊条。碳钢和低合金钢焊条中的 E××01、E××03、E××10、E××13、E××20 类焊条都是酸性焊条。反之，焊条熔渣的成分主要是碱性氧化物（如大理石、萤石等）时，熔渣就表现为碱性，这类焊条称为碱性焊条。例如碳钢和低合金钢焊条中的 E××15、E××16、E××18 等。

酸性焊条和碱性焊条由于药皮的组成物不同，焊条的工艺性能以及焊缝金属的性能也不同，因此它们的应用场合有很大的区别。酸性焊条和碱性焊条的特性比较见表 3-6。

通过比较，可以看出，碱性焊条形成焊缝的塑性、韧性和抗裂性能均比酸性焊条好。所以，在焊接重要结构时，一般均采用碱性焊条。

表 3-6 酸性焊条和碱性焊条的特性比较

焊条	酸 性 焊 条	碱 性 焊 条
工艺性能特点	引弧容易，电弧稳定，可用交流或直流电源焊接	电弧的稳定性较差，只能采用直流电源焊接
	宜长弧操作	须短弧操作，否则易引起气孔
	焊接电流大	较同规格酸性焊条，焊接电流10%左右
	对铁锈、油污和水分的敏感性不大，抗气孔能力强。焊条使用前经 75～150℃烘焙 1～2h	对水、锈产生气孔的敏感性较大，使用前须经 350～400℃烘焙 1～2h
	飞溅小，脱渣性好	飞溅较大，脱渣性稍差
	焊接时烟尘较少	焊接时烟尘较多
焊缝金属性能	焊缝常、低温冲击韧度一般	焊缝常、低温冲击韧度较高
	合金元素烧损较多	合金元素过渡效果好，塑性和韧性好。特别是低温冲击韧度好
	脱硫效果差，含氢量较高，抗裂性能较差	脱氧、硫能力强，焊缝含氢、氧、硫低，抗裂性能好

二、焊条的选用原则

1. 首先考虑母材的力学性能和化学成分

低碳钢和低合金高强度钢的焊接，一般情况下应根据设计要求，按强度等级来选用焊条。选用焊条的抗拉强度与母材相同或稍高于母材，但对于某些裂纹敏感性较高的钢种，或刚度较大的焊接结构，为了提高焊接接头在消除应力时的抗裂能力，焊条的抗拉强度以稍低于母材为宜。

焊接低温钢时，应根据设计要求，选用低温冲击韧度等于或高于母材的焊条，同时，强度不应低于母材的强度。

耐热钢和不锈钢的焊接，为保证焊接接头的高温冲击性能和耐腐蚀性能，应选用熔敷金属化学成分与母材相同或相近的焊条。当母材中碳、硫、磷等元素的含量较高时，应选用抗裂性好的低氢型焊条。

低碳钢和低合金高强度钢的焊接，应选用与强度等级低的钢材相适应的焊条。

有色金属的焊接，应选用化学成分相近的焊条。

根据母材的化学成分和力学性能推荐选用的焊条见表 3-7。

表 3-7 部分焊条的选用

钢 材 类 别		焊条型号	焊条牌号	备 注
$\sigma_b \geq 510MPa$ 的碳锰钢如 Q345（16Mn）、16MnR、20MnMo		E5015	J507	低氢碱性焊条
		E5015	J707D	低氢碱性焊条，全位置打底焊专用
		E5016	J506D	
$\sigma_b \geq 690MPa$ 的低合金高强度钢，如 18MnMoNbR		E7015D2	J707	低氢碱性焊条
		E7015G	J707Ni	低氢碱性焊条，低温性能和抗裂性能好
珠光体耐热钢	12CrMo	E5515-B1	R207	依厚度进行热处理
	15CrMo	E5515-B2	R307	焊后消除应力热处理
	12Cr1MoV	E5515-B2V	R317	焊后消除应力热处理

钢　材　类　别		焊条型号	焊条牌号	备　　注
不锈钢	1Cr18Ni9Ti	E347-16	A132	
	0Cr17Ni12Mo2	E316-16	A202	
碳素结构钢＋ 低合金钢	Q135-A＋ Q345（16Mn）	E4303	J422	
	20、20R＋ Q345（16Mn）	E4315 E5015	J427 J507	
碳素结构钢＋ 铬钼低合金 结构钢	Q235-A＋ 15CrMo	E4315	J427	视材质厚度决定是否热处理
	16MnR＋ 15CrMo	E5015	J507	视材质厚度决定是否热处理
	20＋15CrMo	E5515-B2	R307	

2. 考虑焊接结构的复杂程度和刚度

对于同一强度等级的酸性焊条和碱性焊条，应根据焊件的结构形状和钢材厚度加以选用，形状复杂、结构刚度大及大厚度的焊件，由于焊接过程中产生较大的焊接应力，因此必须采用抗裂性能好的低氢型焊条。

3. 考虑焊件的工作条件

根据焊件的工作条件，包括载荷、介质和温度等，选择满足使用要求的焊条。比如在高温条件下工作的焊件，应选择耐热钢焊条；在低温条件下工作的焊件，应选择低温钢焊条；接触腐蚀介质的焊件应选择不锈钢焊条；承受动载荷或冲击载荷的焊件应选择强度足够，塑性和韧度较高的低氢型焊条。

4. 考虑劳动条件、生产率和经济性

在满足使用性能和操作性能的基础上，尽量选用效率高、成本低的焊条。焊接空间位置变化大时，尽量选用工艺性能适应范围较大的酸性焊条，在密闭容器内焊接时，应采用低尘、低毒焊条。

第三节　焊条的使用与保管

一、焊条的正确使用

由于焊条药皮成分及其他因素的影响，焊条往往会因吸潮而导致使用工艺性能变坏，造成电弧不稳，飞溅增大，并且容易产生气孔、裂纹等缺陷。因此，焊条使用前必须烘干。焊条的烘干和保管应注意以下几点。

① 焊条在使用前，酸性焊条视受潮情况在 75～150℃烘干 1～2h；碱性低氢型结构钢焊条应在 350～400℃烘干 1～2h，烘干的焊条应放在 100～150℃保温箱（筒）内，随用随取。

② 低氢型焊条一般在常温下超过 4h，应重新烘干。重复烘干次数不宜超过三次。

③ 烘干焊条时，禁止将冷焊条突然放进高温炉内，或从高温炉内突然取出冷却，烘箱温度应徐徐升高或降低，防止焊条因骤冷骤热而产生药皮开裂、脱皮现象。

④ 焊条烘干时应做记录，记录上应有牌号、批号、温度、时间等内容。

⑤ 在焊条烘干期间，应有专门负责的技术人员，负责对操作过程进行检查和核对，每批焊条不得少于一次，并在操作记录上签字。

⑥ 烘干焊条时，焊条不应成垛或成捆地堆放，应铺成层状，每层焊条堆放不能太厚（一般 1～3 层），避免焊条烘干时受热不均和潮气不易排除。

⑦ 露天操作隔夜时，必须将焊条妥善保管，不允许露天存放，应在低温烘箱中恒温保存，否则次日使用前还要重新烘干。

⑧ 一根焊条应尽量一次焊完，避免焊缝接头过多而降低质量。焊条残头有药皮的部分的长度一般应小于 20mm，以免浪费焊条。

二、焊条的贮存与保管

① 焊条必须在干燥、通风良好的室内仓库中存放。焊条贮存库内，不允许放置有害气体和腐蚀性介质。焊条应离地存放在架子上，离地面距离不小于 300mm，离墙壁距离不小于 300mm。严防焊条受潮。

② 焊条堆放应按种类、牌号、批次、规格、入库时间分类堆放，并应有明确标注，避免混乱。

③ 特种焊条贮存与保管应高于一般性焊条。特种焊条应堆放在专用仓库或指定区域。受潮或包装损坏的焊条未经处理不许入库。

④ 一般焊条一次出库量不能超过 2 天的用量，已经出库的焊条焊工必须保管好。

⑤ 低氢型焊条贮存库内温度不低于 5℃，相对空气湿度低于 60%。

实训课题三　根据工作条件选择焊条型号

1. 实训任务

按给定条件（如表 3-8 所示），选择焊条型号。

表 3-8　焊条名称、材料牌号及力学性能

焊件名称	材料牌号	力学性能		焊条型号
		σ_s/MPa	σ_b/MPa	
锅炉汽包	20g	250	420	
厂房屋架	Q235	235	375～460	
桥吊主梁	16Mn	350	520	
高中压容器	15MnVN	450	600	
起重机吊壁	15MnTi	400	540	
异种材料焊接	Q235＋16Mn			
中碳钢板等强度焊接	35	315	530	

2. 实训要求

按照焊条选用原则，正确选用焊条。

实训课题四　焊条的正确使用

1. 实训任务

酸性焊条、碱性焊条的烘干与使用。

2. 实训要求

（1）实训内容

① 能按照要求对酸性焊条、碱性焊条进行加热与保温。

② 能正确使用烘干与保温设备。

③ 形成正确使用焊条的职业习惯。

（2）安全文明生产

① 能正确执行安全技术操作规程。

② 能按企业有关文明生产的规定，做到工作场所整洁，工件、工具摆放整齐。

3. 实训评分标准

实训评分标准如表3-9所示。

表 3-9　实训评分标准

序号	检测项目	配分	技 术 标 准	实测情况	得分	备注
1	焊条烘干温度	20	酸性焊条75～150℃，碱性焊条350～400℃，烘干温度不对扣20分			
2	烘干时间	20	保温时间1～2h，保温时间不对扣20分			
3	焊条放入与取出	10	防止骤冷骤热，不符合规定扣5分			
4	烘干焊条的保管	10	焊条烘干后，放入100～150℃的保温筒（箱）内；不符合规定扣10分			
5	焊条烘干时堆放	10	分层且不宜过厚，不符合规定扣10分			
6	焊条烘干次数	10	不超过3次，不符合规定扣10分			
7	焊条烘干记录	10	应记录牌号、批号、温度、时间，记录不全扣5分，无记录扣10分			
8	安全操作规程	7	劳动保护用品不齐全扣4分，设备、工具使用不正确扣3分			
9	文明生产规定	3	工作场地整洁，摆放整齐不扣分，稍差扣1分，很差扣3分			
总　　分		100	实训成绩			

第四章 焊条电弧焊工艺知识

第一节 焊接接头与焊接位置

一、焊接接头

用焊接的方法连接的接头，称为焊接接头，它包括焊缝、熔合区和热影响区三部分。焊接的接头形式有多种，其中最主要的有对接接头、角接接头、搭接接头和 T 形接头四种，如图 4-1 所示。

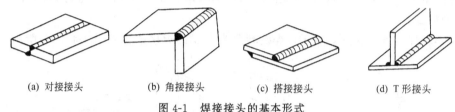

(a) 对接接头　　　　(b) 角接接头　　　　(c) 搭接接头　　　　(d) T 形接头

图 4-1　焊接接头的基本形式

1. 对接接头

两焊件表面构成≥135°，且≤180°夹角的接头称为对接接头，如图 4-1（a）所示。对接接头在各种焊接结构中应用非常广泛，是一种较为理想的接头形式，对接接头能够承受较大的载荷。

2. 角接接头

两焊件端面间构成大于 30°，小于 135°的接头称为角接接头，如图 4-1（b）所示。角接接头的焊缝承载能力很差，多用于不重要结构或箱形构件上。

3. 搭接接头

两焊件部分重叠构成的接头称为搭接接头，如图 4-1（c）所示。搭接接头一般用于 12mm 以下钢板，其重叠部分为 3～5 倍板厚，采用双面焊接。搭接接头的应力分布不均匀，承载能力较低，但由于搭接接头焊前准备和装配工作较对接接头简单，其横向收缩量也较对接接头小，所以得到了一定程度的应用。

4. T 形接头

一焊件之端面和另一焊件之表面构成直角或近似直角的接头称为 T 形接头，如图 4-1（d）所示。T 形接头能够承受各种方向的力和力矩，应用较为普遍。

二、焊接位置

焊接时，焊件接缝所处的空间位置称为焊接位置。可用焊缝倾角和焊缝转角来表示。焊缝倾角是指焊缝轴线与水平面之间的夹角，如图 4-2 所示。焊缝转角是指焊缝中心线（焊根和盖面层中心连线）和水平参照面 Y 轴的夹角，如图 4-3 所示。

焊接位置分为平焊位置、横焊位置、立焊位置、仰焊位置四种形式，如图 4-4 所示。

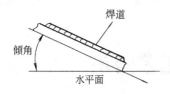

图 4-2　焊缝倾角示意图

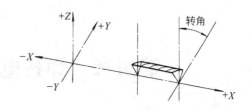

图 4-3　焊缝转角示意图

1. 平焊位置

焊缝倾角为 0°，180°；焊缝转角为 90°的焊接位置，如图 4-4（a）所示。

2. 横焊位置

焊缝倾角为 0°，180°；焊缝转角为 0°，180°的对接焊位置，如图 4-4（b）所示。

3. 立焊位置

焊缝倾角为 90°（立向上），270°（立向下）；焊缝转角为 0°～180°的位置，如图 4-4（c）所示。

4. 仰焊位置

对接焊缝焊缝倾角为 0°，180°；焊缝转角为 270°的焊接位置如图 4-4（d）所示。

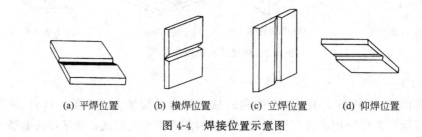

（a）平焊位置　　　（b）横焊位置　　　（c）立焊位置　　　（d）仰焊位置

图 4-4　焊接位置示意图

三、坡口及坡口选择

（一）焊接坡口

根据设计或工艺的需要，在焊件的待焊部位加工并装配成的一定几何形状的沟槽称为坡口。

坡口的作用是为了保证焊缝根部焊透，保证焊接质量和连接强度，同时调整基本金属与填充金属比例。

焊条电弧焊焊缝坡口的基本形式和尺寸详见国家标准 GB/T 985—2008。焊接接头坡口的基本形式有Ⅰ形坡口、Ⅴ形坡口、Ⅹ形坡口、Ｕ形坡口，如图 4-5 所示。

1. Ⅰ形坡口

Ⅰ形坡口用于较薄钢板的对接焊接。采用焊条电弧焊或气体保护焊焊接厚度在 5～6mm 以下的钢板可以开成Ⅰ形坡口。

2. Ⅴ形坡口

Ⅴ形坡口形状简单，加工方便，是最常用的坡口形式。焊条电弧焊常用于 6～40mm 工件的焊接，12mm 以下可以考虑采用单面焊双面成型的方法，12mm 以上一般可考虑开单面坡口，双面焊接，但是背面施焊前应气刨清根。单面焊接时应采取反变形措施防止焊接变形。

3. Ⅹ形坡口

Ⅹ形坡口常用于 12～60mm 厚钢板的焊接。它与Ⅴ形坡口相比，在厚度相同情况下，

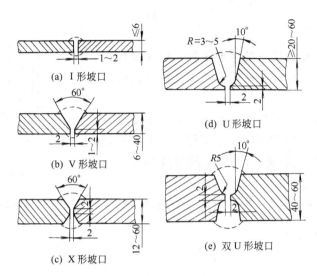

图 4-5 焊接坡口的基本形式

焊缝金属量可以减少约 1/2。由于采用双面焊，焊后的残余变形较小。

4．U 形坡口

U 形坡口用于厚板焊接。对于大厚度钢板，当焊件厚度相同时，U 形坡口的焊缝填充金属要比 V 形、X 形坡口少得多，而且焊缝变形也小。但是 U 形坡口的加工困难，一般用于重要的焊接结构。

以上四种坡口只是基本的坡口形式，实际中可根据其具体结构确定。如用于平焊的有带钝边的 V 形坡口和不带钝边的 V 形坡口、单边钝边 V 形坡口和单边 V 形坡口，U 形坡口有带钝边的 U 形坡口和不带钝边的 U 形坡口、单边钝边 U 形坡口和单边 U 形坡口，用于 T 形接头的单边 V 形坡口、K 形坡口、双 U 形坡口；用于角接接头的单边 V 形坡口、K 形坡口等。

（二）坡口加工

坡口多采用机械加工方法。机械加工的坡口尺寸准确，质量好，效率高，容易控制，而且对母材的力学性能基本没有影响。

板状焊件的 V 形坡口、X 形坡口一般采用刨床或刨边机，大尺寸焊件应采用刨边机；圆形焊件，可以在车床上加工坡口；加工 U 形坡口时，由于坡口形状特殊，需要采用成形刀具，刨或铣出要求形状的坡口。此外，还可采用氧气切割、碳弧气刨等方法加工坡口。

（三）坡口的选择原则

1．坡口形式的选取原则

① 尽量减少熔敷金属的填充量；

② 焊接厚板时，尽量选用对称坡口，以减少焊接变形；

③ 满足焊件的装配要求，便于焊接操作；

④ 应尽量保证熔透（焊透）和避免产生根部裂纹；

⑤ 坡口加工方便，有利于焊接操作。

2．对坡口钝边和间隙的要求

钝边和间隙的尺寸必须配合好，应根据焊缝位置、焊件厚度、坡口形式及操作方法选择。

四、焊缝符号

焊缝符号是进行焊接施工的主要依据,焊接操作者都要弄清楚焊缝符号的标注方法及其含义。焊缝的标注方法如图 4-6 所示。

焊缝符号一般由基本符号和指引线构成,必要时再加上辅助符号、补充符号和焊缝尺寸符号。基本符号是焊缝截面形状的符号,见表 4-1。常用的焊缝补充符号见表 4-2,焊缝尺寸的标注见表 4-3。

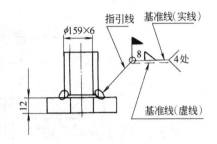

图 4-6 焊缝标注

为了完整的表达焊缝,除了上述符号以外还包括指引线、尺寸符号、数据等,如图 4-7 所示。

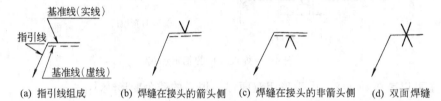

(a) 指引线组成　　(b) 焊缝在接头的箭头侧　(c) 焊缝在接头的非箭头侧　(d) 双面焊缝

图 4-7 指引线及其标注

表 4-1 焊缝基本符号

序号	名 称	示意图	符 号	序号	名 称	示意图	符 号
1	卷边焊缝		八	9	封底焊逢		⌣
2	I 形焊缝		‖	10	角焊缝		◺
3	V 形焊缝		∨	11	塞焊缝或槽焊缝		⊓
4	单边 V 形焊缝		∨				
5	带钝边 V 形焊缝		Y	12	缝焊缝		⊖
6	带钝边单边 V 形焊缝		Y				
7	带钝边 J 形焊缝		Ⱶ	13	点焊缝		○
8	带钝边 U 形焊缝		Y				

表 4-2　焊缝补充符号

示　意　图	标　注　示　例	说　明
		表示 V 形焊缝的背面底部有垫板
		工件三面带有焊缝，焊接方法为焊条电弧焊
		表示在现场沿焊件周围施焊

表 4-3　焊缝尺寸的标注

序号	名　称	示　意　图	焊缝尺寸符号	示　例
1	对接焊缝		S：焊缝有效厚度	$S\vee$
				$S\parallel$
				$S\curlyvee$
2	连接角焊缝		K：焊脚尺寸	$K\triangleleft$
3	断续角焊缝		l：焊缝长度 e：焊缝间距 n：焊缝段数	$K\triangleleft n\times l(e)$
4	点焊缝		n：焊缝段数 e：焊缝间距 d：焊点直径	$d\bigcirc n\times(e)$

第二节　焊接工艺参数选择

焊接工艺参数（焊接规范）是为了保证焊接质量而选定的如焊接电流、电弧电压、焊接速度、热输入等诸物理量的总称。

焊条电弧焊的工艺参数，通常包括焊条型号、焊条直径、电源种类与极性、焊接电流、电弧电压、焊接速度和焊接层数等内容。焊接工艺参数选择得正确与否，直接影响焊缝的形状、尺寸、焊接质量和生产效率，是焊接工作应该注意的首要问题。

一、焊条直径选择

焊条直径是根据焊件厚度、焊接位置、接头形式、焊接层数等进行选择的。

首先，根据焊件的厚度选取焊条直径。厚度越大，所选焊条直径越粗。选取时可参照表 4-4。

表 4-4　焊条直径的选择与焊件厚度关系

焊件的厚度/mm	焊条直径/mm	焊件的厚度/mm	焊条直径/mm
≤1.5	1.5	4～6	3.2～4.0
2	1.5～2.0	8～12	3.2～4.0
3	2.0～3.2	≥13	4.0～5.0

焊接位置不同时，选取焊条直径也不同。平焊时，可选用直径较大的焊条，甚至选到 ϕ5mm 以上的焊条；立焊时，最大不超过 ϕ5mm；而仰焊、横焊一般不超过 ϕ4mm；在焊接固定位置的管道环焊缝时，为适应各种位置的操作，宜选用小直径焊条。

在进行多层焊时，为了防止根部焊不透，第一层采用小直径焊条进行打底，以后各层根据板厚情况选用较大直径焊条。

对于根部不要求完全焊透的搭接接头、T 形接头，可以选用较大直径的焊条，以提高生产效率。

对要求防止过热及控制热输入的焊件，宜选用小直径焊条。

二、焊接电流选择

焊接时流经焊接回路的电流称为焊接电流。

焊接电流是焊条电弧焊重要的焊接参数。焊接电流越大熔深越大，焊条熔化越快，焊接效率也越高。但是焊接电流越大，飞溅和烟雾大，焊条药皮易发红和脱落，且易产生咬边、焊瘤、烧穿等缺陷；电流太小，则引弧困难，电弧不稳定，熔池温度低，焊缝窄而高，熔合不好，易产生夹渣、未焊透、未熔合等缺陷。

选择焊接电流时需要考虑的因素很多，如焊条直径、药皮类型、焊件厚度、接头形式、焊接位置、焊道、焊层和焊件材料等。但主要由焊条直径、焊接位置、焊道及层数所决定。

1. 根据焊条直径选择焊接电流

焊条直径越大，熔化焊条所需的热量越大，需要的焊接电流越大。每种焊条都有一个合适的焊接电流范围。

当使用碳钢焊条时，还可根据选定的焊条直径，用下面经验公式计算焊接电流：

$$I = dk$$

式中　I——焊接电流，A；

d——焊条直径，mm；

k——经验系数，见表 4-5。

表 4-5 焊接电流经验系数与焊条直径关系

焊条直径 d/mm	1.6	2～2.5	3.2	4～6
经验系数 k	20～25	25～30	30～40	40～50

2. 根据焊接位置选择焊接电流

当焊接位置不同时，所用的焊接电流大小也不同。平焊时，由于运条和控制熔池中的熔化金属都比较容易，可选用较大的焊接电流。立焊时，所用的电流比平时小 10％～15％；而横焊、仰焊时，焊接电流比平时要减小 15％～20％；使用碱性焊条时，比酸性焊条焊接电流减小 10％。

3. 根据焊道选择焊接电流

通常，焊接打底焊道时，使用的焊接电流较小，以有利于焊接操作和保证焊接质量；焊填充焊道时，通常采用较大的焊接电流；而焊盖面焊道时，为了防止咬边和获得美观的焊缝成型，使用较小的焊接电流。

4. 根据焊接材料选择焊接电流

焊接不锈钢时，为了减小晶间腐蚀倾向，焊接电流应选用下限值。有些材质和结构需要通过工艺试验和评定以确定焊接电流范围。

5. 判断电流大小的实际经验

（1）听声音

焊接时可以从电弧的响声来判断电流大小。当焊接电流较大时，发出"哗哗"的声音，如同大河流水；当电流较小时，发出"丝丝"的声音，容易断弧；电流适中时，发出"沙沙"的声响，同时夹杂着清脆的噼啪声。

（2）看飞溅

电流过大时，飞溅严重，电弧吹力大，爆裂声响大，可以看到大颗粒的熔滴向外飞出；电流过小时，电弧吹力小、飞溅小，熔渣和铁水不易分清。

（3）看焊条熔化情况

电流过大时，焊条用不到一半时，即出现焊条红热情况、出现药皮脱落现象；电流过小焊条熔化困难，易于与焊件粘连。

（4）看熔池状况

电流较大时，椭圆形熔池长轴较长；较小时，熔池呈扁形；电流适中时，熔池形状呈鸭蛋形。

（5）看焊缝形成

电流过大时，焊缝宽而低，易咬边，焊波较稀；电流较小时，焊缝窄而高，焊缝与母材熔合不良；电流合适时，焊缝成形较好，高度适中，过渡平滑。

三、电弧电压选择

电弧两端之间的电压降即电弧电压。当焊条和母材一定时，主要由电弧长度来确定。电弧长，则电弧电压高；电弧短，则电弧电压低。

焊接过程中，焊条端头到熔池表面间的最短距离称为弧长。焊接弧长对焊接质量有很大的影响。弧长可按下式确定

$$L=(0.5\sim 1.0)d$$

式中　L ——电弧长度，mm；

　　　d ——焊条直径，mm。

电弧长度大于焊条直径时称为长弧，小于焊条直径时称为短弧。采用酸性焊条时，用长弧焊接；而选用碱性焊条时，用短弧焊接，以提高电弧的稳定性。

电弧长度与坡口形式等因素有关。V 形坡口对接、角接的第一层应使电弧短些，以保证焊透和避免咬边；第二层可使电弧稍长，以填满焊缝。焊缝间隙小时用短电弧，间隙大时电弧可稍长。焊接薄钢板时为了防止烧穿，电弧不宜过长；仰焊时电弧应最短，防止熔化金属下淌；立横焊时，为了控制熔池温度，应用小电流、短电弧施焊。

焊接过程中不管选用那种类型的焊条，都应保持电弧长度基本不变。

四、焊接速度选择

焊接速度是指单位时间完成的焊缝长度，即焊接时焊条向前的移动速度叫焊接速度。焊接速度可由焊工根据具体情况灵活掌握，以保证焊缝具有所要求的外形尺寸，保证熔合良好为原则。焊接那些对焊接热输入有严格要求的材料时，焊接速度按照工艺文件进行确定。在焊接过程中，焊工应适时调整焊接速度，以保证焊缝宽窄、高低的一致性。焊接速度过快，焊缝较窄，易发生未焊透等缺陷；焊接速度过慢，则焊缝过高、过宽，外形不整，焊接薄板时容易烧穿。

五、焊接层数选择

中厚板焊接时，需开坡口，然后进行多层多道焊。采用多层焊和多层多道焊时，后一层焊缝对前一层焊缝有热处理作用，能细化晶粒，提高焊接接头的塑性。但每层焊缝不宜过厚，否则会使焊缝金属的组织晶粒变粗，降低焊缝力学性能。所以，应选择适当的焊接层数和每一层的焊接厚度，一般每层焊缝的厚度不应大于 4mm。

碳钢焊条电弧焊常用焊接规范列于表 4-6，供操作者参考。

表 4-6　碳钢焊条电弧焊焊接规范

焊缝空间位置	焊缝断面形状	焊件厚度或焊脚尺寸/mm	第一层焊缝		其他各层焊缝	
			焊条直径/mm	焊接电流/A	焊条直径/mm	焊接电流/A
对接平焊		2 2.5~3.5	2 3.2	55~60 90~120		
		4~5	3.2 4	100~130 160~200		
		5~6	3.2 4	100~130 160~250		
		≥6	3.2 4	100~130 160~210	4 5	160~210 220~280
		≥12	4	160~210	4 5	160~210 220~280

续表

焊缝空间位置	焊缝断面形状	焊件厚度或焊脚尺寸/mm	第一层焊缝		其他各层焊缝	
			焊条直径/mm	焊接电流/A	焊条直径/mm	焊接电流/A
立对接焊缝		2 2.5～4	2 3.2	50～55 80～110		
		5～6	3.2	90～120		
		7～10	3.2 4	90～120 120～160	4	120～160
		≥11	3.2 4	90～120 120～160	4 5	120～160 160～200
		12～18	3.2 4	90～120 120～160	4	120～160
		≥9	3.2 4	90～120 120～160	4 5	120～160 160～200
横对接焊缝		2 2.5	2 3.2	50～55 80～110		
		3～4	3.2 4	90～120 120～160		
		5～8	3.2	90～120	3.2 4	90～120 140～160
		≥9	3.2 4	90～120 140～160	4	140～160
		14～18	3.2 4	90～120 140～160	4	140～160
		≥9	4	140～160	4	140～160

六、焊接工艺细则卡

焊接工艺是控制接头焊接质量的关键因素，因此必须按焊接方法、焊件材料的种类、板厚和接头形式分别编制焊接工艺。在工厂中，目前以焊接工艺细则卡来规定焊接工艺的内容。焊接工艺细则卡的编制依据是相应的焊接工艺评定试验结果。焊接工艺细则卡是指导工人进行焊接生产的主要技术依据。典型的压力容器焊接工艺细则卡的格式见表4-7。

焊接工艺细则卡主要包括四个方面的内容。

① 焊缝所采用的焊接方法、焊接设备、焊接材料以及焊接工艺装备。

② 选定合理的焊接工艺参数。例如，焊条电弧焊时，应包括焊条的直径、焊接电流、电弧电压、焊接速度、运条方式、焊缝的焊接顺序、焊接方向以及多层焊的熔敷顺序等。

③ 焊接热参数的选择。例如，焊前预热、中间加热、焊后保温及焊后热处理的工艺参数（加热温度、保温时间及对冷却的要求等）。

④ 焊接检查方法。

表 4-7　典型的焊接工艺细则卡格式

产品零部件名称＿＿＿＿＿＿＿＿＿＿ 焊接方法＿＿＿＿＿＿＿＿＿＿	母材	牌号＿＿＿＿＿＿＿＿＿＿＿＿＿＿ 规格＿＿＿＿＿＿＿＿＿＿＿＿＿＿
接头坡口形式		

焊前准备	＿＿＿＿＿＿＿＿＿＿＿＿＿＿＿＿ ＿＿＿＿＿＿＿＿＿＿＿＿＿＿＿＿ ＿＿＿＿＿＿＿＿＿＿＿＿＿＿＿＿ ＿＿＿＿＿＿＿＿＿＿＿＿＿＿＿＿	焊接材料	焊条型号＿＿＿＿＿＿规格＿＿＿＿＿＿ 焊丝牌号＿＿＿＿＿＿规格＿＿＿＿＿＿ 焊剂牌号＿＿＿＿＿＿ 保护气体＿＿＿＿＿＿流量＿＿＿＿＿＿
预热	预热温度＿＿＿＿＿＿＿＿＿＿ 层间温度＿＿＿＿＿＿＿＿＿＿	焊后热处理	消氢＿＿＿＿℃/h后热＿＿＿＿℃/h 焊后热处理＿＿＿＿＿＿＿＿＿＿＿＿
焊接工艺参数	①焊接电流种类＿＿＿＿＿＿；②极性＿＿＿＿＿＿＿＿＿＿；③电流值＿＿＿＿＿＿＿＿A； ④电压值＿＿＿＿＿＿V；⑤焊接速度＿＿＿＿＿＿m/h；⑥焊丝送进速度＿＿＿＿＿＿m/h； ⑦脉冲电流频率＿＿＿＿＿＿次/s；⑧脉冲电流通断比＿＿＿＿＿＿		
焊接设备型号		焊接工装编号	
操作技术	① 焊接位置：平焊＿＿＿＿立焊＿＿＿＿横焊＿＿＿＿仰焊＿＿＿＿全位置＿＿＿＿ ② 焊接顺序：＿＿＿＿＿＿＿＿＿＿＿＿＿＿＿＿＿＿＿＿＿＿＿＿＿＿＿＿＿＿＿＿ ③ 运条方式＿＿＿＿＿＿＿＿＿＿＿＿＿＿＿＿＿＿＿＿＿＿＿＿＿＿＿＿＿＿＿＿ ④焊丝摆动参数＿＿＿＿＿＿＿＿＿＿＿＿＿＿＿＿＿＿＿＿＿＿＿＿＿＿＿＿＿＿ ⑤焊道层数＿＿＿＿＿＿＿＿＿＿＿＿＿＿＿＿＿＿＿＿＿＿＿＿＿＿＿＿＿＿＿＿ ⑥清根方法＿＿＿＿＿＿＿＿＿＿＿＿＿＿＿＿＿＿＿＿＿＿＿＿＿＿＿＿＿＿＿＿		
焊后检查			

编制		校对		审核		批准	

第三节　常见焊接缺陷

　　焊接过程中在焊接接头处产生的金属不连续、不致密或连接不良的现象称为焊接缺陷。严重的焊接缺陷将影响产品结构的使用安全。所以如何防止焊接缺陷的产生是工艺所需要达到的目的。

　　焊接缺陷按其在焊缝中位置可以分为内部缺陷和外部缺陷两大类。外部焊接缺陷位于焊缝的外表面，用肉眼或低倍放大镜可以看到，内部焊接缺陷位于焊缝内部，需用无损探伤或者破坏性试验才能检验。常见的外部缺陷有：焊缝尺寸不符合要求、咬边、表面气孔、表面裂纹、烧穿、焊瘤及弧坑等；内部缺陷有：未焊透、内部气孔、内部裂纹、内部夹渣等。

　　常见焊接缺陷的特征及产生的原因见表 4-8。

表 4-8　常见的焊接缺陷及产生原因

缺陷名称	特征及简图	产生原因
焊缝尺寸不符合要求	焊缝高低不平，宽窄不齐，尺寸过大或过小	① 焊件坡口开得不当或装配间隙不均匀 ② 焊接工艺参数选择不当
未焊透	接头根部未完全焊透	① 坡口角度过小，装配间隙过小或钝边过大 ② 电流太小，焊速过快，电弧过长
裂纹	在焊缝或焊接区的表面或内部产生纵向或横向裂纹	① 焊缝冷却太快 ② 焊件含碳、硫、磷高 ③ 焊件结构与焊接顺序不合理
咬边	沿焊趾的母材部位烧熔形成的沟槽或凹陷	① 焊接参数选择不当 ② 焊条角度不对 ③ 运条方法不正确
焊瘤	熔化金属流淌到焊缝之外不熔化的母材上所形成的金属瘤	① 电流太大 ② 电弧太长 ③ 运条不正确，焊速太慢
烧穿	熔化金属自坡口背面流出	① 电流太大 ② 焊速太慢 ③ 装配间隙过大，钝边太小
气孔、夹渣	焊缝表面或内部有气泡或熔渣	① 焊前清理不干净或多层焊层间清理不彻底 ② 焊条质量不好，焊缝冷却过快 ③ 电流过小，焊速过快

实训课题五　简单焊接识图

1. 实训图样（图 4-8）

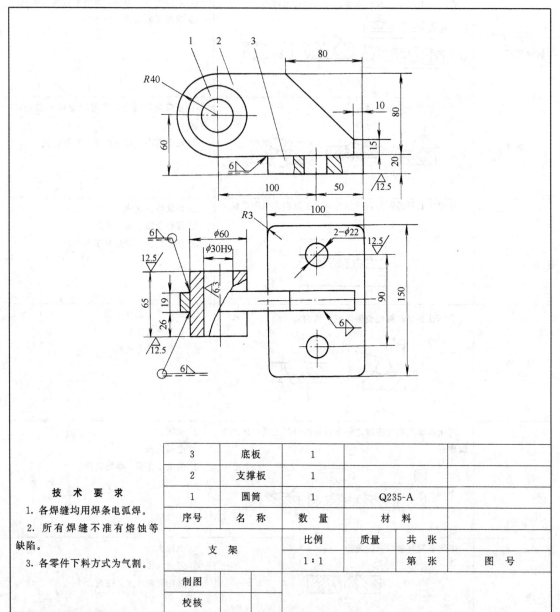

3	底板	1	
2	支撑板	1	
1	圆筒	1	Q235-A
序号	名　称	数　量	材　料

技 术 要 求

1. 各焊缝均用焊条电弧焊。

2. 所有焊缝不准有熔蚀等缺陷。

3. 各零件下料方式为气割。

支　架		比例	质量	共　张	
		1：1		第　张	图　号
制图					
校核					

图 4-8　支架焊接装配图

2. 读图要求

了解装配图的性能、功用和工作原理；了解零件之间的相对位置和装配关系；了解各零件的主要作用和结构形式；掌握焊缝的接头形式，焊缝符号和焊缝尺寸。

3. 识图的方法和步骤

（1）一般识图

① 首先看标题栏和明细表、技术要求，了解装配体的名称、零件的名称和在装配图上

的大致位置。

②　分析视图，弄清装配图上有哪些视图，采取什么表达方式，表达重点是什么。

③　各种装配尺寸是否清楚，是否有加工面以及如何选择。

④　看懂全部装配图后，弄清楚装配顺序，将加工零件加工后再装配。

（2）装配图焊接知识识图

①　找出表明焊接结构的视图。

②　弄清楚焊接件的定形、定位尺寸及焊后加工尺寸。

③　明确焊缝的接头形式、焊缝符号及焊缝尺寸。

④　焊接件的装配、焊接方法及焊后处理等技术要求。

4. 读懂图 4-8 后，完成下列各题

①　该部件的名称是_____材质为_____。

②　图中部件由_____、_____、_____组成它们之间采用_____方式联接为一体。

③　图中焊缝采用的接头方式有_____。

④　焊缝采用的焊接方法是_____。

⑤　图中表示焊缝的符号有_____、_____。它们表示的含义分别为_____、_____。

⑥　图中对焊接的有关要求为_____。

实训课题六　根据工作条件填写焊接工艺细则卡

1. 实训图样（图 4-9）

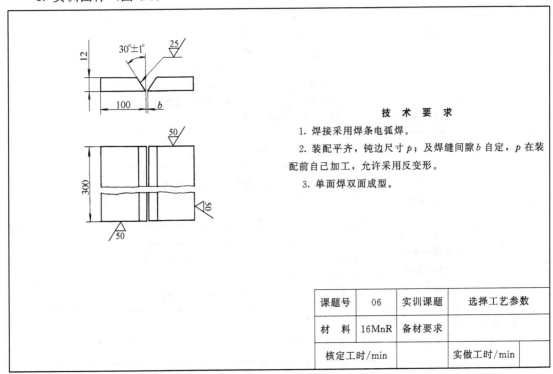

技　术　要　求

1. 焊接采用焊条电弧焊。

2. 装配平齐，钝边尺寸 p；及焊缝间隙 b 自定，p 在装配前自己加工，允许采用反变形。

3. 单面焊双面成型。

课题号	06	实训课题	选择工艺参数	
材　料	16MnR	备材要求		
核定工时/min			实做工时/min	

图 4-9　实训图样

2. 实训要求

能够根据前面所学知识合理选择焊接电源及焊接工艺参数。

3. 注意事项

本工件为厚 12mm 的 16MnR 钢板，焊接坡口为单面 V 形坡口，焊接要求：焊条电弧焊，单面焊双面成型。选择时需注意焊接电源、焊接材料、焊接工艺参数的选择。

4. 填写焊接工艺细则卡

表 4-9 为焊接工艺细则卡。

表 4-9　焊接工艺细则卡

产品零部件名称＿＿＿＿＿＿ 焊　接　方　法＿＿＿＿＿	母　材	牌号＿＿＿＿＿＿＿＿＿＿ 规格＿＿＿＿＿＿＿＿＿＿
接头坡口形式		

焊前准备	＿＿＿＿＿＿＿＿＿＿＿ ＿＿＿＿＿＿＿＿＿＿＿ ＿＿＿＿＿＿＿＿＿＿＿ ＿＿＿＿＿＿＿＿＿＿＿	焊　接 材　料	焊条型号＿＿＿＿＿＿规格＿＿＿＿＿ 焊丝牌号＿＿＿＿＿＿规格＿＿＿＿＿ 焊剂牌号＿＿＿＿＿＿＿＿ 保护气体＿＿＿＿＿＿流量＿＿＿＿＿
预　热	预热温度＿＿＿＿＿＿ 层间温度＿＿＿＿＿＿	焊　后 热处理	消氢＿＿＿＿℃/h 后热＿＿＿＿℃/h 焊后热处理＿＿＿＿＿＿＿＿＿＿
焊接工艺 参　数	①焊接电流种类＿＿＿＿＿；②极性＿＿＿＿＿＿＿；③电流值＿＿＿＿＿A； ④电压值＿＿＿＿＿V；⑤焊接速度＿＿＿＿m/h；⑥焊丝送进速度＿＿＿＿m/h； ⑦脉冲电流频率＿＿＿＿次/s；⑧脉冲电流通断比＿＿＿＿		
焊接设备型号		焊接工装编号	
操 作 技 术	① 焊接位置平焊＿＿＿＿、立焊＿＿＿＿、横焊＿＿＿＿、仰焊＿＿＿＿、全位置＿＿＿＿； ② 焊接顺序＿＿＿＿＿＿＿＿＿＿＿＿＿＿＿＿＿＿＿＿ ＿＿＿＿＿＿＿＿＿＿＿＿＿＿＿＿＿＿＿； ③ 运条方式＿＿＿＿＿＿＿＿＿＿＿＿＿＿＿＿＿＿＿； ④焊丝摆动参数＿＿＿＿＿＿＿＿＿＿＿＿＿＿＿＿； ⑤焊道层数＿＿＿＿＿＿＿＿＿＿＿＿＿＿＿＿＿； ⑥清根方法＿＿＿＿＿＿＿＿＿＿＿＿＿＿＿＿＿＿		
焊　后 检　查			
编　制	校　对	审　核	批　准

实训课题七　焊接缺陷的识别

1. 实训图样（表 4-10）

表 4-10　焊缝缺陷识别

缺陷名称	缺陷示意图	缺陷名称	缺陷示意图
咬边		气孔	
未熔合		夹渣	

2. 实训目的

熟悉常见焊接缺陷的名称及形状特征。

3. 实训要求

① 请写出给出缺陷示意图的缺陷的名称或画出给出了缺陷名称的缺陷示意图。

② 根据实物判断表面缺陷的种类。

③ 根据射线探伤胶片识别缺陷类型。

②～③可根据实训条件选做。

4. 注意事项

焊缝尺寸不符合要求表现为：焊缝外表形状高低不平，焊波宽窄不齐，尺寸过大或过小；咬边的特征为靠焊缝边沿母材上产生凹陷；焊瘤是熔化金属流淌到未熔化母材上形成的堆积物；烧穿是焊接时熔化的金属局部流失使得焊缝形成孔洞；气孔特征为内表面光滑的位于焊缝表面或者内部的孔穴；热烈纹出现在焊缝上，呈锯齿状，断口有氧化色；冷裂纹有金属光泽，出现在过热区中；再热裂纹出现在热影响区的粗晶区；未焊透的特征是母材与焊缝间未熔化，有空隙；未熔合的特征是母材与焊缝之间没有完全熔合在一起；塌陷特征为焊缝正面塌陷，背面凸起。

第五章　焊条电弧焊基本操作技术

第一节　平敷焊基本操作技术

一、平敷焊的特点

平敷焊是焊件处于水平位置时，在焊件上堆敷焊道的一种操作方法。在选定焊接工艺参数和操作方法的基础上，利用电弧电压、焊接速度，达到控制熔池温度、熔池形状来完成焊接焊缝。

平敷焊是初学者进行焊接技能训练时所必须掌握的一项基本技能，焊接技术易掌握，焊缝无烧穿、焊瘤等缺陷，易获得良好焊缝成形和焊缝质量。

二、基本操作姿势

1. 基本姿势

焊接基本操作姿势有蹲姿、坐姿、站姿，如图 5-1 所示。

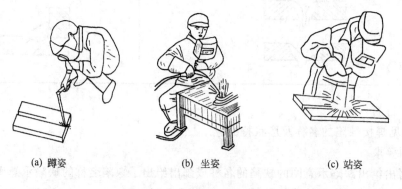

(a) 蹲姿　　　　　(b) 坐姿　　　　　(c) 站姿

图 5-1　焊接基本操作姿势

2. 焊钳与焊条的夹角

焊钳与焊条的夹角如图 5-2 所示。

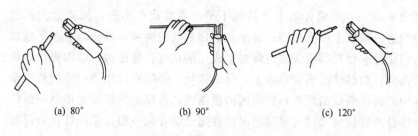

(a) 80°　　　　　(b) 90°　　　　　(c) 120°

图 5-2　焊钳与焊条夹角

图 5-3　焊钳握法

3. 辅助姿势

① 焊钳的握法如图 5-3 所示。

② 面罩的握法为左手握面罩，自然上提至内护目镜框与眼平行，向脸部靠近，面罩与鼻尖距离 10～20mm 即可。

三、基本操作方法

焊条电弧焊的基本操作技术主要包括引弧方法、运条方法、接头方法和收弧方法。焊接过程中，掌握好这四种方法，是保证焊缝质量的关键。

（一）引弧

焊条电弧焊施焊时，使焊条引燃焊接电弧的过程，称为引弧。常用的引弧方法有划擦法、直击法两种。

1. 划擦法

优点：易掌握，不受焊条端部清洁情况（有无熔渣）限制。

缺点：容易在焊件表面造成电弧擦伤，所以必须在焊缝前方坡口内划擦引弧。

操作要领：类似划火柴。先将焊条端部对准焊缝，然后将手腕扭转，使焊条在焊件表面上轻轻划擦，划的长度以 20～30mm 为佳，以减少对工件表面的损伤，然后将手腕扭平后迅速将焊条提起，使弧长约为所用焊条外径 1.5 倍，作"预热"动作（即停留片刻），其弧长不变，预热后将电弧压短至与所用焊条直径相符。在始焊点作适量横向摆动，且在起焊处稳弧（即稍停片刻）以形成熔池后进行正常焊接，如图 5-4(a) 所示。

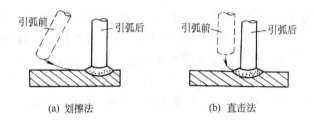

(a) 划擦法　　　　　　　　(b) 直击法

图 5-4　引弧方法

2. 直击法

优点：直击法是一种理想的引弧方法。适用于各种位置引弧，不易碰伤工件。

缺点：受焊条端部清洁情况限制，用力过猛时药皮易大块脱落，造成暂时性偏吹，操作不熟练时易粘于工件表面。

操作要领：焊条垂直于焊件，使焊条末端对准焊缝，然后将手腕下弯，使焊条轻碰焊件，引燃后，手腕放平，迅速将焊条提起，使弧长约为焊条外径 1.5 倍，稍作"预热"后，压低电弧，使弧长与焊条内径相等，且焊条横向摆动，待形成熔池后向前移动，如图 5-4(b) 所示。

影响电弧顺利引燃的因素有：工件清洁度、焊接电流、焊条质量、焊条酸碱性、操作方法等。

3. 引弧注意事项

① 注意清理工件表面，以免影响引弧及焊缝质量。

② 引弧前应尽量使焊条端部焊芯裸露，若不裸露可用锉刀轻锉，或轻击地面。

③ 焊条与焊件接触后提起时间应适当。

④ 引弧时，若焊条与工件出现粘连，应迅速使焊钳脱离焊条，以免烧损弧焊电源，待焊条冷却后，用手将焊条拿下。

⑤ 引弧前应夹持好焊条，然后使用正确操作方法进行焊接。

⑥ 初学引弧，要注意防止电弧光灼伤眼睛。对刚焊完的焊件和焊条头不要用手触摸，

也不要乱丢，以免烫伤和引起火灾。

（二）运条方法

焊接过程中，焊条相对焊缝所做的各种动作的总称叫运条。在正常焊接时，焊条一般有三个基本运动相互配合，即沿焊条中心线向熔池送进、沿焊接方向移动、焊条横向摆动（平敷焊练习时焊条可不摆动），如图 5-5 所示。

1. 焊条送进

沿焊条中心线向熔池送进，主要用来维持所要求的电弧长度和向熔池添加填充金属。焊条送进的速度应与焊条熔化速度相适应，如果焊条送进速度比焊条熔化速度慢，电弧长度会增加；反之如果焊条送进速度太快，则电弧长度迅速缩短，使焊条与焊件接触，造成短路，从而影响焊接过程的顺利进行。

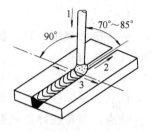

图 5-5　焊条的角度与应用

1—送进；2—前进；3—摆动

电弧长度指焊条端部与工件表面之间的距离。当电弧的长度超过了所选用的焊条直径称为长弧，小于焊条直径称为短弧。用长弧焊接时所得焊缝质量较差，因为电弧易左右飘移，使电弧不稳定，电弧的热量散失，焊缝熔深变浅，又由于空气侵入易产生气孔，所以在焊接时应选用短弧。

2. 焊条纵向移动

焊条沿焊接方向移动，目的是控制焊道成形，若焊条移动速度太慢，则焊道会过高、过宽，外形不整齐，如图 5-6(a) 所示。焊接薄板时甚至会发生烧穿等缺陷。若焊条移动太快则焊条和焊件熔化不均造成焊道较窄，甚至发生未焊透等缺陷，如图 5-6(b) 所示。只有速度适中时才能焊成表面平整，焊波细致而均匀的焊缝，如图 5-6(c) 所示。焊条沿焊接方向移动的速度由焊接电流、焊条直径、焊件厚度、装配间隙、焊缝位置以及接头形式来决定。

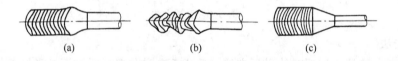

(a)　　　　　　(b)　　　　　　(c)

图 5-6　焊条沿焊接方向移动

3. 焊条横向摆动

焊条横向摆动，主要是为了获得一定宽度的焊缝和焊道，也是对焊件输入足够的热量、排渣、排气等。其摆动范围与焊件厚度、坡口形式、焊道层次和焊条直径有关，摆动的范围越宽，则得到的焊缝宽度也越大。

为了控制好熔池温度，使焊缝具有一定宽度和高度及良好的熔合边缘，对焊条的摆动可采用多种方法，常用的运条方法见表 5-1。

表 5-1　常见运条方法的特点与适用范围

运条方法	轨　迹	特　点	适　用　范　围
直线形	→	焊条直线移动，不做摆动。焊缝宽度较窄，熔深大	适用于 3～5mm 薄板 I 形坡口对接平焊，多层焊打底及多层多道焊
直线形往复	〰〰〰	焊条末端沿着焊接方向做线形摆动。焊接速度快，焊缝窄，散热快	适用于接头间隙较大的多层焊的第一层焊缝或薄板焊接

续表

运条方法	轨　迹	特　点	适　用　范　围
月牙形		焊条末端沿着焊接方向做月牙形的左右摆动,使焊缝宽度及余高增加	适用于中厚板材对接平焊,立焊和仰焊等位置的层间焊接
锯齿形		焊条末端沿着焊接方向做锯齿形连续摆动,控制熔化金属的流动性,使焊缝增宽	适用于中厚钢板对接平焊、立焊、仰焊,以及角焊

4.　焊条角度

焊接时工件表面与焊条所形成的夹角称为焊条角度。

焊条角度的选择应根据焊接位置、工件厚度、工作环境、熔池温度等来选择,如图5-7所示。

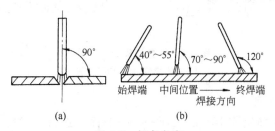

图5-7　焊条角度

5.　运条时几个关键动作及作用

(1)　焊条角度

掌握好焊条角度是为控制铁水与熔渣很好的分离,防止熔渣超前现象和控制一定的熔深。立焊、横焊、仰焊时,还有防止铁水下坠的作用。

(2)　横摆动作

作用是保证两侧坡口根部与每个焊波之间相互很好的熔合及获得适量的焊缝熔深与熔宽。

(3)　稳弧动作(电弧在某处稍加停留之意)

作用是保证坡口根部很好熔合,增加熔合面积。

(4)　直线动作

保证焊缝直线敷焊,并通过变化直线速度控制每道焊缝的横截面积。

(5)　焊条送进动作

主要是控制弧长,添加焊缝填充金属。

6.　运条时注意事项

① 焊条运至焊缝两侧时应稍作停顿,并压低电弧。

② 三个动作运行时要有规律,应根据焊接位置、接头形式、焊条直径与性能、焊接电流大小以及技术熟练程度等因素来掌握。

③ 对于碱性焊条应选用较短电弧进行操作。

④ 焊条在向前移动时,应达到匀速运动,不能时快时慢。

⑤ 运条方法的选择应在实习指导教师的指导下,根据实际情况确定。

（三）接头技术

1. 焊道的连接方式

焊条电弧焊时，由于受到焊条长度的限制或操作姿势的变化，不可能一根焊条完成一条焊缝，因而出现了焊道前后两段的连接。焊道连接一般有以下几种方式。

① 后焊焊缝的起头与先焊焊缝结尾相接，如图 5-8(a) 所示。

② 后焊焊缝的起头与先焊焊缝起头相接，如图 5-8(b) 所示。

③ 后焊焊缝的结尾与先焊焊缝结尾相接，如图 5-8(c) 所示。

④ 后焊焊缝结尾与先焊焊缝起头相接，如图 5-8(d) 所示。

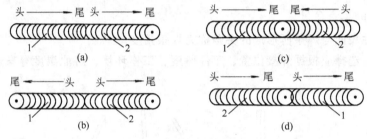

图 5-8　焊缝接头的四种情况

1—先焊焊缝；2—后焊焊缝

2. 焊道连接注意事项

① 接头时引弧应在弧坑前 10mm 任何一个待焊面上进行，然后迅速移至弧坑处划圈进行正常焊，如图 5-9 所示。

② 接头时应对前一道焊缝端部进行认真地清理工作，必要时可对接头处进行修整，这样有利于保证接头的质量。

③ 温度越高，接头越平整。对于头尾相接的焊缝，接头动作要快，操作方法，如图 5-10(a) 所示；对于头头相接的焊缝，接头处应先拉长电弧再压低电弧，操作方法，如图 5-10(b) 所示；对于尾尾相接、尾头相接的焊缝应压低电弧，操作方法所示如图 5-10(c) 所示，且采用多次点击法加划圆圈法连接。

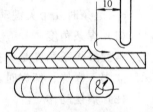

图 5-9　接头引弧处

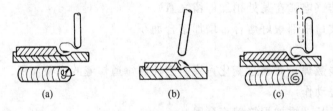

图 5-10　焊缝接头操作方法

（四）焊缝的收尾

焊接时电弧中断和焊接结束，都会产生弧坑，常出现疏松、裂纹、气孔、夹渣等现象。为了克服弧坑缺陷，就必须采用正确的收尾方法，一般常用的收尾方法有三种。

1. 划圈收尾法

焊条移至焊缝终点时，作圆圈运动，直到填满弧坑再拉断电弧。此法适用于厚板收尾，如图 5-11(a) 所示。

2. 反复断弧收尾法

焊条移至焊缝终点时，在弧坑处反复熄弧，引弧数次，直到填满弧坑为止。此法一般适用于薄板和大电流焊接，不适应碱性焊条，如图 5-11(b) 所示。

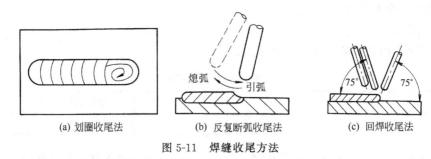

(a) 划圈收尾法　　　　(b) 反复断弧收尾法　　　　(c) 回焊收尾法

图 5-11　焊缝收尾方法

3. 回焊收尾法

焊条移至焊缝收尾处即停住，并且改变焊条角度回焊一小段。此法适用于碱性焊条，如图 5-11(c) 所示。

收尾方法的选用还应根据实际情况来确定，可单项使用，也可多项结合使用。无论选用何种方法都必须将弧坑填满，达到无缺陷为止。

四、示范

按操作方法所介绍的内容进行示范，做到边讲解边示范，对于重点、难点应放慢速度或反复多次进行示范。

示范步骤：引弧→运条→灭弧→接头→收尾。

实训课题八　平敷焊技能训练

（一）实训图样（图 5-12）

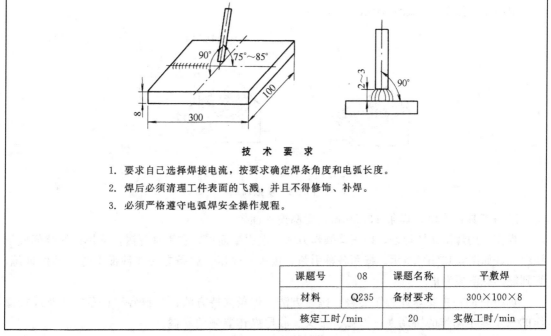

技 术 要 求

1. 要求自己选择焊接电流，按要求确定焊条角度和电弧长度。
2. 焊后必须清理工件表面的飞溅，并且不得修饰、补焊。
3. 必须严格遵守电弧焊安全操作规程。

课题号	08	课题名称	平敷焊
材料	Q235	备材要求	300×100×8
核定工时/min	20	实做工时/min	

图 5-12　实训图样

（二）实训要求

1. 实训目的

掌握引弧、接头、收尾的正确操作方法；能熟练地正确选用各种运条方法及操作方法；掌握操作姿势及握钳方法。

2. 实训内容

① 填写下列焊接工艺参数卡（见表 5-2）。

表 5-2　焊接工艺参数

焊机型号	焊条型号	焊条直径	焊接电流	运条方法	电弧长度

② 焊缝长 300mm、宽 10mm、余高 0.5～2mm、平直光滑无任何焊缝缺陷。

3. 工时定额

工时定额为 20min。

4. 安全文明生产

① 能正确执行安全技术操作规程；

② 能按文明生产的规定，做到工作地整洁、工件、工具摆放整齐。

（三）操作准备

实习工件：Q235，（300×200×8）mm^3。

焊条牌号：E4303，ϕ3.2mm。

弧焊设备：BX1-300，ZXG-320（正极性）。

辅助工具：清渣锤、面罩、划线工具及个人劳动保护用品。

（四）操作步骤

1. 模拟训练

制沙箱，如图 5-13(a) 所示。

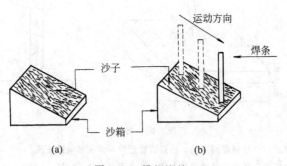

图 5-13　模拟训练

准备工具：焊钳、焊条 ϕ3.2mm，无墨镜片面罩。

操作：用焊钳夹持焊条，按正确操作方法，左手拿面罩，右手拿焊钳，将焊条的端部放于沙箱上，如图 5-13(b) 所示。按照各种引弧、接头、收尾、运条方法在沙面上进行动作训练、直到能熟练掌握为止。

训练目的：主要掌握操作姿势、握钳方法、焊条夹持方法；掌握各种运条方法及焊接操作的三个基本动作的协调性；引弧、接头、收尾操作要领的掌握。

训练时间：2 学时。

2. 实际训练

训练内容：引弧、运条、接头、收尾的分解动作和连贯动作。

步骤：取出已准备好的训练工件及焊条、面罩等工具。

确定焊接工艺参数见表5-3所示。

训练时间：4学时。

表 5-3　焊接工艺参数

焊条直径	焊接电流	电弧长度	运条方法
ϕ3.2mm	100～120A	3mm	直线形、锯齿形

（五）操作要领

手持面罩，看准引弧位置，用面罩挡着面部，将焊条端部对准引弧处，用划擦法或直击法引弧，迅速而适当地提起焊条，形成电弧。

调试电流。

1. 看飞溅

电流过大时，电弧吹力大，可看到较大颗粒的铁水向熔池外飞溅，焊接时爆裂声大；电流过小时，电弧吹力小，熔渣和铁水不易分清。

2. 看焊缝成形

电流过大时，熔深大，焊缝余高低，两侧易产生咬边；电流过小时，焊缝窄而高，熔深浅，且两侧与母材金属熔合不好；电流适中时焊缝两侧与母材金属熔合得很好，呈圆滑过渡。

3. 看焊条熔化状况

电流过大时，当焊条熔化了大半截时，其余部分均已发红；电流过小时，电弧燃烧不稳定，焊条易粘在焊件上。

操作要求：按指导教师示范动作进行操作，教师巡查指导，主要检查焊接电流、电弧长度、运条方法等，若出现问题，及时解决，必要时再进行个别示范。

（六）注意事项

① 焊接时要注意对熔池的观察，熔池的亮度反映熔池的温度，熔池的大小反映焊缝的宽窄；注意对熔渣和熔化金属的分辨。

② 焊道的起头、运条、连接和收尾的方法要正确。

③ 正确使用焊接设备，调节焊接电流。

④ 焊接的起头和连接处基本平滑，无局部过高、过宽现象，收尾处无缺陷。

⑤ 焊波均匀，无任何焊缝缺陷。

⑥ 焊后焊件无引弧痕迹。

⑦ 训练时注意安全，焊后工件及焊条头应妥善保管或放好，以免烫伤。

⑧ 为了延长弧焊电源的使用寿命，调节电流时应在空载状态下进行，调节极性时应在焊接电源未闭合状态下进行。

⑨ 在实习场所周围应设置有灭火器材。

⑩ 操作时必须穿戴好工作服、脚盖和手套等防护用品。

⑪ 必须戴防护遮光面罩，以防电弧灼伤眼睛。

⑫ 弧焊电源外壳必须有良好的接地或接零，焊钳绝缘手柄必须完整无缺。

（七）评分标准（表 5-4）

表 5-4 评分标准

序号	检测项目	配分	技术标准/mm	实测情况	得分	备注
1	焊缝宽窄差	6	允许 2，每超差 2 扣 1 分			
2	焊缝宽度	8	宽 8～12，每超差 1 扣 4 分			
3	焊缝高度	8	高 0.5～1.5，每超差 1 扣 4 分			
4	焊缝成形	8	要求波纹细、均匀、光滑，否则每项扣 2 分			
5	焊缝高低差	6	允许 1，每超差 1 扣 3 分			
6	起焊熔合	4	要求熔合良好，否则扣 4 分			
7	弧坑	6	弧坑饱满，否则每处扣 4 分			
8	接头	8	要求不脱节，不凸高，否则每处扣 4 分			
9	夹渣	8	无，若有点渣<2 扣 4 分，条渣扣 8 分			
10	气孔	4	无，若有每个气孔扣 2 分			
11	咬边	6	深<0.5，每长 5 扣 3 分，深>0.5，每长 5 扣 6 分			
12	电弧擦伤	6	无，若有每处扣 2 分			
13	飞溅	6	清干净，否则每处扣 2 分			
14	运条方法	4	直线、锯齿、月牙形正确，其他扣 4 分			
15	熔渣的分辨	8	分辨较清扣 2 分，分辨一般扣 4 分，分辨不清扣 8 分			
16	安全文明生产	4	服从管理、安全操作，否则扣 4 分			
	总分	100	实训成绩			

第二节 平焊操作技术

在平焊位置进行的焊接称为平焊。平焊是最常应用、最基本的焊接方法。平焊根据接头形式不同，分为平对接焊、平角焊。

一、平焊特点

① 焊接时熔滴金属主要靠自重自然过渡，操作技术比较容易掌握，允许用较大直径的焊条和较大的焊接电流，生产效率高，但易产生焊接变形。

② 熔池形状和熔池金属容易保持。

③ 若焊接工艺参数选择不对或操作不当，易在根部形成未焊透或焊瘤，运条及焊条角度不正确时，熔渣和铁水易出现混在一起分不清现象或熔渣超前形成夹渣，对于平角焊尤为突出。

二、平焊操作要点

① 焊缝处于水平位置，故允许使用较大电流，较粗直径焊条施焊，以提高劳动生产率。

② 尽可能采用短弧焊接，可有效提高焊缝质量。

③ 控制好运条速度，利用电弧的吹力和长度使熔渣与液态金属分离，有效防止熔渣向前流动。

④ T 形、角接、塔接平焊接头，若两钢板厚度不同，则应调整焊条角度，将电弧偏向厚板一侧，使两板受热均匀。

⑤ 多层多道焊应注意选择层次及焊道顺序。

⑥ 根据焊接材料和实际情况选用合适的运条方法。

对于不开坡口平对接焊，正面焊缝采用直线运条法或小锯齿形运条法，熔深可大于板厚的 2/3，背面焊缝可用直线也可用小锯齿形运条，但电流可大些，运条速度可快些。

对于开坡口平对接焊，可采用多层焊或多层多道焊，打底焊易选用小直径焊条施焊，运条方法采用直线形、锯齿形、月牙形均可。其余各层可选用大直径焊条，电流也可大些，运条方法可用锯齿形、月牙形等。

对于T形接头、角接接头、搭接接头可根据板厚确定焊角高度，当焊角尺寸大时宜选用多层焊或多层多道焊。对于多层单道焊，第一层选用直线运条，其余各层选用斜环形、斜锯齿形运条。对于多层多道焊易选用直线形运条方法。

⑦ 焊条角度（图5-14）。

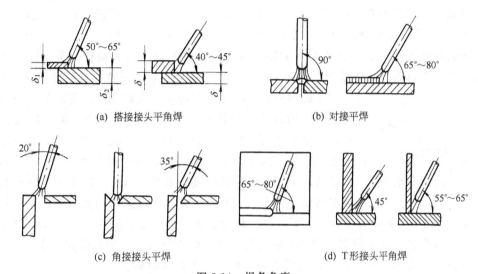

(a) 搭接接头平角焊　　　　　　(b) 对接平焊

(c) 角接接头平焊　　　　　　(d) T形接头平角焊

图5-14　焊条角度

三、I形坡口平对接双面焊技术

焊接特点：与薄板平对接焊相比，操作方法易掌握，焊接时不易出现烧穿。若工艺参数选择或操作方法不当时，也会出现焊接缺陷，如夹渣，气孔、烧穿、焊瘤、未焊透等现象。

（一）焊接时易产生的缺陷及防止方法

1. 焊缝尺寸不符合要求，波形不美观

产生原因：焊接电流选择不合适，焊速不合理，焊条向下送进不均匀。

消除措施：调整焊接电流，焊速要适中，当焊条向下送进时要均匀，不能时快时慢。

2. 夹渣

产生原因：焊条角度不正确或焊条偏心，焊接电流过小，电弧过长，焊接时，没有很好地将熔化金属与熔渣分开，对熔池的温度控制不好。

消除措施：摆正焊条角度，增加焊接电流、短弧焊接、焊接时要很好地控制温度、注意观察熔化金属及熔渣，当分辨不清时立即处理。

3. 咬边

产生原因：焊接电流过大，运条方法不正确，电弧过长，操作不正确。

防止方法：调小电流、选用正确的运条和操作方法，短弧焊接。

（二）操作准备

① 实习工件：300mm×100mm×6mm，2块一组。

② 弧焊设备：BX1-300，ZXG-350。

③ 焊条：E4303，ϕ3.2mm，ϕ4.0mm。

④ 辅助工具：清渣工具及个人劳动保护用品等。

（三）操作方法

1. 操作步骤

清理工件→组装→定位焊→清渣→反变形→正面焊→清渣→反转180°背面焊→清渣、检查质量。

2. 操作要领

6mm 板平对接双面焊属于 I 形坡口平焊对接，采用双面焊。因此在焊接时正面焊缝采用直线形或锯齿形运条方法；熔池深度应大于板厚 2/3，行走速度稍慢，焊接电流适中，一般 ϕ3.2mm 焊条电流为 100～120A 左右，装配间隙不宜过大，一般 1～1.5mm 为宜，焊接时注意观察熔池形状，应呈横椭圆形为好，若出现长椭圆形，则应调整焊条角度或焊接速度，焊接过程中熔渣应随时处于熔池的后方，若向前流动应立即调整电弧长度和焊条角度。

正面焊完后，将工件翻转180°反面朝上。将从焊缝正面间隙渗透过来的焊渣用清渣锤、钢丝刷清理干净。调整焊接工艺参数，焊接电流可大些，一般为 110～130A 左右。反面焊缝采用直线形或锯齿形运条方法，焊条角度也可大些为 80°～85°。焊接速度稍快，但要保证熔透深度为板厚的 1/3。焊接时若发现熔化金属与熔渣混合不清（易产生夹渣）可适当加大电流或稍拉长电弧

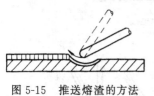

图 5-15　推送熔渣的方法

1～2mm，同时将焊条向焊接方向倾斜，并往熔池后面推送熔渣，如图 5-15 所示。待分清熔化金属与熔渣后方可恢复原来的焊条角度进行施焊，焊接时最好选用短弧焊，这样可有效保护好焊缝熔池，提高焊缝质量。焊完后清渣，检查有无焊接缺陷。

3. 焊接工艺参数确定（表 5-5）

表 5-5　焊接工艺参数

层　数	焊条直径 /mm	焊接电流 /A	电弧长度 /mm	运条方法	焊条型号	反变形角	工件牌号 厚度/mm	装配间隙/mm
正面焊 背面焊	3.2	100～120 110～130	2～3	直线形 锯齿形	E1303	1°	Q135 $\delta=6$	1～1.5

4. 注意事项

① 掌握正确选择焊接工艺参数的方法。

② 操作时注意对操作要领的应用，特别是对焊接电流，焊条角度，电弧长度的调整及协调。

③ 焊接时注意对熔池观察，发现异常应及时处理，否则会出现焊缝缺陷。

④ 焊前焊后要注意对焊缝清理，注意对缺陷的处理。

⑤ 训练时若出现问题应及时向指导教师报告，请求帮助。

⑥ 定位焊点应放在工件两端 20mm 以内，焊点长不超过 10mm。

（四）示范

指导教师按照正确操作方法和要领进行示范，给学习者一个良好的感性认识后，再用错误方法示范，给学习者一个警示。对于熔渣与熔化金属混淆现象应放慢速度，并边示范边讲解，必要时作分解动作。

实训课题九　6mm 钢板 I 形坡口平对接双面焊

1. 实训图样（图 5-16）

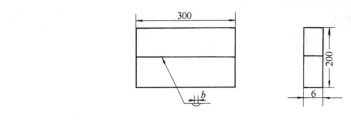

技 术 要 求

1. 装配平齐。
2. 自己确定焊接工艺参数，要求焊后无变形现象。
3. 要求在工件两端 20mm 内点固焊，间隙 b 自定。
4. 焊后清理工件，焊缝不得修饰和补焊。

课题号	9	课题名称	Ⅰ形坡口平对接双面焊
材料	Q235	备材要求	300×100×6，2 块
核定工时/min	20	实做工时/min	

图 5-16　实训图样

2. 实训要求

(1) 实训目的

① 熟练掌握双面焊的操作要领和方法。

② 学会应用焊条角度、电弧长度和焊接速度来调整焊缝高度和宽度。

③ 掌握提高焊缝质量的操作方法。

(2) 实训内容

① 填写焊接工艺卡（表 5-6）。

表 5-6　焊接工艺卡

工件牌号厚度	装配间隙	焊条型号直径	焊接电流	焊条角度	电弧长度	运条方法	反变形角度

② 焊缝余高 0.5～1.5mm、宽 8～10mm，焊缝表面无任何焊缝缺陷。

③ 平对接双面焊工艺参数的选择与调节，掌握操作要领。

(3) 工时定额

工时定额为 30min。

(4) 安全文明生产

① 能正确执行安全技术操作规程。

② 能按文明生产的规定，做到工作地整洁、工件、工具摆放整齐。

3. 训练步骤

① 检查工件是否符合焊接要求。

② 开启弧焊设备、调整电流。

③ 装配及进行定位焊。

④ 对定位焊点清渣，反变形1°。

⑤ 按照操作要领进行施焊。

⑥ 清渣、检查焊缝尺寸及表面质量。

4．训练时间

训练时间为6学时。

5．评分标准

评分标准如表5-7所示。

表 5-7　评分标准

序号	检测项目	配分	技术标准/mm	实测情况	得分	备注
1	焊缝余高	12	允许0.5～1.5,每超差1扣6分			
2	焊缝宽度	10	允许8～10,每超差0.5扣5分			
3	焊缝成形	12	要求整齐、光滑、美观,否则每项扣4分			
4	接头成形	6	良好,凡每处脱节或超高扣4分			
5	焊缝高低差	8	允许1,每超差1扣4分			
6	咬边	6	深<0.5,每长10扣3分,深>0.5,每长10扣6分			
7	焊缝宽窄度	8	允许1,每超差1扣4分			
8	夹渣	8	无,若有点渣<2扣4分,条渣>2扣8分			
9	烧穿	8	无,若有每处扣4分			
10	焊件变形	8	允许1°,每超1°扣4分			
11	引弧痕迹	6	无,若有每处扣6分			
12	焊件清洁	4	清洁,否则每处扣4分			
13	安全文明生产	4	服从管理,文明操作,否则扣4分			
	总分	100	实训成绩			

四、V形坡口平对接双面焊技术

焊接特点：该种焊接方法属多层焊法或多层多道焊法，有一定焊接难度。在焊接根部时易焊透；若操作不正确或工艺选择不合理会出现焊穿，形成焊瘤或夹渣现象；层与层之间也易出现夹渣、未熔合、气孔等缺陷。为此在焊接时应特别注意工艺参数的选择和操作方法的正确性。

（一）常出现的焊缝缺陷及防止方法

1．焊道安排不合理

产生原因：焊接经验不足，没有能很好地控制每道焊缝的厚度，焊接时随意性很大。

消除措施：注意观察每道焊缝所焊的厚度，并记录下来，加以分析，使填充焊的最后焊道低于工件平面1mm左右，再进行盖面焊。

2．夹渣

产生原因：打底焊时出现夹渣是对熔池观察不好，行走时出现过快或过慢现象，焊接电流过小，没有作横摆运动；电弧过长，操作不正确。

消除措施：焊接时注意对熔池的观察，若发现异常，迅速调整焊条角度和电弧长度，必要时停下，清渣后再焊。注意焊接速度，调大焊接电流，焊接时要作横摆运动，选用正确的操作方法。

3．咬边

产生原因：焊接电流过大，焊条角度不正确，运条方法不正确，焊接电弧过长。

消除措施：调整焊接电流，摆正焊条角度，选择正确的运条方法，短电弧焊接。

4．焊瘤

产生原因：焊接电流过大，焊速过慢，间隙过大导致烧穿形成焊瘤。

消除措施：减小焊接电流，加快焊接速度，缩小装配间隙。

5．焊接变形超出范围

产生原因：反变形角度不够或过大，焊接电流过大，焊接时防变形措施不佳。

消除措施：增加或减小反变形角度，尽量采用小工艺参数，实施有效的防变形措施。

（二）操作准备

实习工件：Q235 板，300mm×100mm×10mm，2 块一组，加工成 V 形坡口。

弧焊设备：BX1-300，ZXG-350。

焊条：E4303，ϕ3.2mm，ϕ4.0mm，烘干。

辅助工具：清渣锤、磨光机、纱布、錾子、手锤、钢丝刷、面罩及个人劳动保护用品。

（三）操作方法

1．步骤

清理工件→修整坡口毛刺→组装（预留间隙）→点固焊→清渣→反变形→打底焊→填充焊→盖面罩→反转180°焊→清理→检查。

2．操作要领

清理工件：主要是对工件的油、锈等杂物清理干净，将坡口两侧 20mm 以内打磨出金属光泽。

（1）修整坡口毛刺

坡口在加工时常残留一些毛边或切割时留下的氧化渣，这时应将毛边和氧化渣用锤或锉刀清理干净，锉削时在坡口底部留出 1～1.5mm 的平面边缘作为钝边（作用防止烧穿）。

（2）组装与定位焊

组装时要将两块工件对齐、对平，不能出现错边，并预留间隙 2mm。这样有利于焊透。点固焊点应在工件两端头 20mm 以内进行，焊点不宜过高、过长，焊接电流应为 100～120A。

（3）清渣

主要是对点固焊点进行清渣，并用锉刀将焊点修整出斜坡状，以便焊接时对焊点的连接。若在清渣时发现点固焊点有缺陷，应彻底清除后重新点焊。

（4）反变形

由于是 V 形坡口，正面需填充较多的金属，焊后易产生变形。为此，在焊前必须进行反变形，一般反变形角度 1°～2°为佳。

V 形坡口的特点是下半部分较窄，上半部分较宽，焊接时若操作不当或工艺参数选择不正确会出现多种焊缝缺陷，因此在焊接时除掌握正确的操作方法外，还应选出正确的焊接工艺参数。焊接工艺参数的选择（见表5-8）。

表 5-8　焊接工艺参数

项　目	焊条直径/mm	焊接电流/A	运条方法	电弧长度/mm	焊条角度
打底层 1	φ3.2	100～120	直线形 锯齿形	2～3	65°～75°
填充层 2、3		180～200			65°～75°　70°～80°
盖面层 4	φ4.0	160～180	锯齿形 月牙形	3～4	80°～90°
背面焊		180～200			80°～90°

（四）注意事项

1．打底焊

要注意对焊缝熔池的观察，时刻保持平的状态，若发现下凹现象，则表明熔池温度过高，有可能出现烧穿现象，应立即采取措施，停弧或将焊条移至坡口两侧稍加停顿，以减小焊缝中心温度；若出现熔池呈不规则球形，则表明熔池温度低，有可能出现夹渣现象，应压低电弧，放慢焊接速度或加大电流。焊接接头应采用热接法，即在熔池尚未完全冷却前就将焊条更换好，开始引弧焊接，这样可有利于减少焊缝缺陷产生。若采用冷接法，一定要清除焊渣后方能起焊。

2．填充焊

焊前应对打底层进行认真地清渣处理，若有缺陷需用角向磨光机或錾子进行修整，直至无缺陷为止。填充焊电流应稍大，焊缝不应一次焊得太厚，运条至坡口两侧时应稍作停顿且压低电弧，待坡口两侧熔合好后方可移动。焊接速度应稍快，否则会出现夹渣。填充焊时应注意层与层之间熔合良好，避免出现未熔合现象。填充焊时起头不应过高，以平为基准。

3．盖面焊

正面或背面最后一道焊缝均属于盖面焊，对焊缝的尺寸和外观起重要作用。因此，在焊接时应注意对焊接工艺参数及操作方法进行有效的调整。

（五）示范

按照操作步骤进行示范，在打底示范时要向学习者讲明如何控制熔池，如何利用电弧堆渣，又如何进行运条等。对第一层清渣时要达到什么标准，盖面时如何保证焊缝的表面尺寸，对背面焊焊接电流的选择、焊接速度、操作方法等都要详细地进行示范。

实训课题十　10mm 钢板 V 形坡口平对接双面焊

1．实训图样（图 5-17）

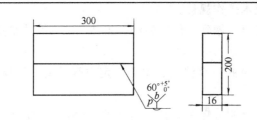

技 术 要 求

1. 装配平齐，*f*、*b* 自定，*p* 自己加工。

2. 自己确定焊接工艺参数。

3. 焊件两端 20mm 内进行定位焊，采用双面焊。

4. 焊缝表面若有严重夹渣、密集气孔、裂纹按 0 分记，焊后保持焊缝原始状态，不得修饰、焊补。

课题号	10	课题名称	V形坡口平对接双面焊
材料	Q235	备材要求	300×100×10，2块
核定工时/min	60	实做工时/min	

图 5-17　实训图样

2. 实训要求

（1）实训目的

掌握多层焊操作方法与技巧，能够根据不同的焊道选用合适的工艺，能够合理有效地控制熔池形状，掌握提高焊缝质量的措施，注意对背面焊缝尺寸的控制。

（2）实训内容

① 填写下列焊接工艺卡（见表 5-9）。

表 5-9　焊接工艺卡

层数	焊条直径/mm	焊接电流/A	焊条角度	电弧长度/mm	运条方法	焊条型号	反变形角	工件材质厚度

② 焊缝余高 0.5～1.5mm，焊缝宽度 12～14mm。起头、接头、收尾平滑无明显焊缝缺陷。无咬边、气孔、夹渣、过高、过宽、过窄、过低等缺陷。

③ 焊接工艺参数的选择与调节，操作方法的掌握。控制焊缝熔池的方法，焊条角度、电弧长度的选用。对焊接过程中出现焊缝缺陷的处理。合理安排焊道，提高焊缝质量的技巧。

（3）工时定额

工时定额为 60min。

（4）安全文明生产

① 能正确执行安全技术操作规程。

② 能按文明生产的规定，做到工作地整洁、工件、工具摆放整齐。

3. 训练步骤

① 对实习工件坡口边缘的修整锉削、组装、定位焊、清渣、反变形。焊接工艺参数的确定。

② 打底焊→清渣检查→调整焊接电流→填充焊 1→清渣检查→填充焊 2→清渣检查→盖面焊→清渣检查→返转 180°清渣、焊接→清渣检查→评定质量。

4. 训练时间

训练时间为 8 学时。

5. 评分标准

评分标准如表 5-10 所示。

表 5-10　评分标准

序号	检测项目	配分	技术标准/mm	实测情况	得分	备注
1	焊缝正背面余高	8	允许高度 0.5～1.5，每超差 1 扣 4 分			
2	焊缝正背面宽度	8	允许宽度 12～14，每超差 1 扣 4 分			
3	焊缝正背面高低差	8	允许 1，否每超差 1 扣 4 分			
4	焊缝成形	15	要求均匀、整齐、光滑、美观，否每处扣 5 分			
5	焊缝正、背面宽窄差	8	允许 1，每超差 1 扣 4 分			
6	接头成形	6	良好，凡每处脱节或超高扣 6 分			
7	焊缝弯直度	8	要求平直，每弯 1 处扣 4 分			
8	夹渣	8	无，有点渣每处扣 4 分，条渣每处扣 8 分			
9	咬边	8	深<0.5，每长 5 扣 4 分，深>0.5，每长 5 扣 8 分			
10	弧坑	4	无弧坑，有者扣 4 分			
11	引弧痕迹	6	无，若有每处扣 3 分			
12	工件清洁度	3	清洁，否则每处扣 3 分			
13	焊件变形	5	允许 1°，否则<2°，扣 2 分，>2°扣 5 分			
14	安全文明生产	5	服从管理，穿戴好个人劳动保护用品，否则扣 5 分			
总　　分		100	实 训 成 绩			

五、X 形坡口平对接焊焊接技术

焊接特点：X 形坡口适用于 12～60mm 厚钢板的焊接。X 形与 V 形坡口相比，具有在相同厚度下，能减少焊缝金属量约三分之一。焊件焊后变形和产生的内应力较小，但焊接时工序较复杂。

（一）焊前准备

实习工件：Q235 板 300mm×100mm×16mm，2 块一组，加工成 X 形坡口。

弧焊设备：BX1-300，ZXG-350。

焊条：E4303，ϕ3.2mm，ϕ4.0mm，烘干。

辅助工具：清渣锤、纱布、钢丝刷、磨光机、面罩及个人劳动保护用品。

（二）操作方法

清理、修整、检查、装配、固定焊、安排焊接顺序、焊接、清理检查。

（三）操作要领

X形坡口焊接有其特殊性，因此修整坡口时应先检查坡口角度是否符合要求。在清理坡口及两侧的同时在坡口根部修整出 1～1.5mm 钝边。装配要平齐，不能出现错边现象，更不能出现扭角现象。预留间隙 2～3mm。固定焊要点焊牢固且无任何焊缝缺陷。焊接时注意合理安排焊道和选择焊接工艺参数（表 5-11）。

表 5-11 焊接工艺参数

项目	焊条直径 /mm	焊接电流 /A	运条方法	电弧长度 /mm	焊条角度	焊接顺序
第一层	3.2	100～120	锯齿形 月牙形	2～3	70°～80°	
第二层	3.2	120～130	锯齿形 月牙形	2～3	60°～75°	5 3 1 2 4 6
第三、四层	4.0	180～200	锯齿形 月牙形	3～4		
第五、六层	4.0	170～190	锯齿形 月牙形	3～4	80°～90°	

（四）注意事项

第一道焊接时电流稍小，以免烧穿形成焊瘤，只需焊透即可。

第二道焊接时为了能将第一道焊缝根部熔合好，必须选用较大的焊接电流，同时注意对焊缝熔池观察，以免出现夹渣和未熔合现象。

第三、四道焊接前，应对第一、二道焊缝进行彻底清理，若有缺陷应及时处理后再焊。焊接时注意对坡口两侧熔合，一次焊缝不能焊得过厚。注意对焊缝接头处理，道与道之间焊缝接头不能重叠，应错开为好。

第五、六道焊接应注意焊缝宽度和余高要求，一般焊缝宽度应宽于坡口两侧 1～1.5mm，余高应高出工件表面 0.5～1.5mm。表面无明显焊缝缺陷，电弧长度可长些。焊完后，待焊缝完全冷却后再清渣。

（五）示范

按照操作步骤进行示范，要突出对熔池控制方法的示范，突出焊缝缺陷在焊接过程中处理方法的示范，突出如何应用焊道的分配来控制焊接变形的示范。

实训课题十一 16mm 钢板 X 形坡口平对接双面焊

1. 实训图样（图 5-18）

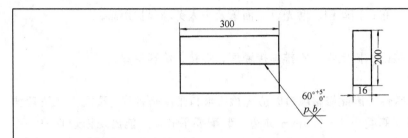

技 术 要 求

1. 装配平齐，p、b 自定，p 自己加工。
2. 自己确定焊接工艺参数。
3. 焊件两端 20mm 内进行定位焊，采用双面焊。
4. 焊缝表面若有严重夹渣、密集气孔、裂纹按 0 分记，焊后保持焊缝原始状态，不得修饰、焊补。

课题号	11	课题名称	X形坡口平对接双面焊
材料	Q235	备材要求	300×100×16，2块
核定工时/min	70	实做工时/min	

图 5-18　实训图样

2. 实训要求

（1）实训目的

掌握 X 形坡口焊接操作要领，能熟练应用焊道顺序来控制焊接变形，能利用操作技巧克服焊缝缺陷的出现，掌握提高焊缝质量良好方法。

（2）实训内容

① 填写焊接工艺卡（表 5-12）。

表 5-12　焊接工艺卡

层　数	焊条直径/mm	焊接电流/A	焊条角度	电弧长度/m	运条方法	焊条型号	反变形角	工件材质厚度

② 焊缝宽 18～20mm，高 0.5～1.5，焊缝表面无明显焊缝缺陷，焊接过程无夹渣、气孔等缺陷。

③ 焊接工艺参数调节与选择，操作方法训练与掌握，操作技巧训练，对焊后变形的控制。

（3）工时定额

工时定额为 70min。

（4）安全文明生产

① 能正确执行安全技术操作规程。

② 能按文明生产的规定，做到工作地整洁、工件、工具摆放整齐。

3．训练步骤

焊件坡口校核及钝边修整→选择焊接工艺参数→组装、预留间隙、定位焊→清理→安排焊道层数及焊接顺序→焊接、观察工件变形情况、处理→清渣、对焊缝质量评定。

4．训练时间

训练时间为 8 学时。

5．评分标准

评分标准如表 5-13。

表 5-13　评分标准

序号	检测项目	配分	技术标准/mm	实测情况	得分	备注
1	焊缝两面余高	8	允许 0.5~1.5，每超差 1 扣 4 分			
2	焊缝两面宽度	12	允许 18~20，每超差 1 扣 6 分			
3	焊缝高低差	6	允许 1，每超差 1 扣 3 分			
4	接头成形	6	良好，凡每处脱节或超高扣 6 分			
5	焊缝成形	12	要求均匀、整齐、光滑、美观，否则每项扣 3 分			
6	焊缝宽窄差	10	允许 1，否则<2 每处扣 5 分，>2 每处扣 10 分			
7	夹渣	10	无，若有<2 点渣扣 5 分，>2 条渣扣 10 分			
8	咬边	6	深<0.5，每长 5 扣 3 分，深>0.5，每长 5 扣 6 分			
9	弧坑	4	无弧坑，若有扣 4 分			
10	焊件变形	10	允许 1°，若有<2°扣 5 分，>2°扣 10 分			
11	气孔	4	无，若有每个扣 2 分			
12	引弧痕迹	6	无，若有每处扣 6 分			
13	试件清洁	2	清洁，否则每处扣 2 分			
14	安全文明生产	4	服从管理，穿戴好个人劳动保护用品，否则扣 4 分			
总　　分		100	实训成绩			

六、薄板平对接焊焊接技术

焊接特点：薄板的平对接焊易烧穿、易变形、焊缝成形不良、难操作。

（一）薄板焊接时易产生的缺陷及防止方法

1．焊缝成形不美观

产生原因：操作方法不正确、焊条角度不正确、焊接电弧过长、焊速过快。

防止方法：选用正确操作方法、摆正焊条角度、采用短弧焊接、放慢焊速，在条件允许情况下将起焊处垫高。

2．烧穿

产生原因：焊接电流过大、熔池温度过高、焊接速度过慢、焊缝间隙过大，焊接电弧过长、焊条角度太斜。

防止方法：减少焊接电流，将焊条角度摆正，加快焊速，调整间隙，若调整不了可先进行短距离点焊，填满后再进行正式焊，短弧焊接，有效控制熔池温度。

3．夹渣

产生原因：焊条角度偏向一边，电流过小，电弧过长，熔池温度不均匀。

防止方法：调正焊条角度，增加电流，短弧焊接，控制好熔池温度，使焊缝温度均匀。

4. 起头、接头、收尾不良

产生原因：操作方法不正确，没有掌握好操作要领或动作不完善。

防止方法：掌握操作要领，起头、接头、收尾时应根据实际情况选择合适的焊条运动轨迹，同时注意观察熔池形状和大小。

（二）操作准备

实习工件：200mm×50mm×3mm，2块一组。

焊条：E4303，ϕ2.5mm，ϕ3.2mm，各若干根，烘干。

弧焊设备：BX1-300，ZXG-350。

辅助工具：清渣锤、錾子、钢丝刷、平光眼镜及劳动保护用品。

（三）操作步骤

① 清理待焊处，直至露出金属光泽。

② 选择焊接工艺参数。

③ 合上电源闸刀开关。

④ 矫正焊件，进行反变形或采用夹具固定焊。

⑤ 引弧-运条-接头-收尾。

⑥ 焊后清渣、检验。

（四）操作要领

1. 装配及定位焊

装配时要保证两板对接处齐平、间隙均匀，一般为0～1mm，定位焊点长度和间距与焊缝长度、板厚有关。厚度为3mm，长度为200mm的板定位焊点于工件两端20mm内进行，如图5-19所示，焊前进行反变形1°。

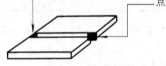

图5-19　定位焊图示

定位焊要求：定位焊缝是以后正式焊缝一部分，所用焊条应与正式焊接相同。为防止未焊透等缺陷，电流应比正式焊时大10%～15%。如遇到有焊缝交叉时，定位焊缝应距离交叉处50mm以上。定位焊焊缝两侧应与母材平缓过渡，且不许有任何焊缝缺陷，若有，焊接前应铲除后再焊。

2. 焊接工艺参数的选择

焊接工艺参数的选择如表5-14所示。

表5-14　焊接工艺参数

项目	焊接电流	运条方法	熔池形状	焊接层数	电弧长度
ϕ2.5mm	70～80A	小锯齿形	◯	1	2mm
ϕ3.2mm	80～90A	直线往返形			2.5mm

3. 焊接方法

在定位焊点上，用划擦法或直击法进行引弧，将焊条移至待焊处，用弧长为5～6mm的电弧预热1～2s后立即压低电弧至2～2.5mm；使焊条与工件两侧夹角为90°，如图5-20（a）所示，焊条沿焊接方向与焊缝轴线的夹角为80°～85°，如图5-20（b）所示，采用均匀直线形或小锯齿形运条。更换焊条前，先向前运条，然后熄灭电弧。焊条更换后，在熔池末尾5～6mm的焊道处引弧，燃烧后移至熔池，作稳弧动作后进入正常焊接。到焊缝末端应作收弧动作。最后进行清渣处理。

（五）注意事项

① 装配间隙不应超过 1mm，剪切时留下的毛边应在装配前锉修掉。

② 装配时不应有错边，若有，不能超过板厚的 1/3，对于要求高的焊件不应大于 0.8mm，可用夹具固定后再焊接。

③ 定位焊缝应短，近似点状，间距也要小。间隙与间距成反比。

④ 焊接时，采用短弧和快速直线往返形运条方法焊接；使用下坡焊法，即将工件起焊端垫高，形成坡状，如图 5-21 所示，可提高焊速减小熔深防止烧穿和减小变形。

⑤ 焊后需进行矫正，方法可用人工矫正、机械矫正和火焰矫正等。

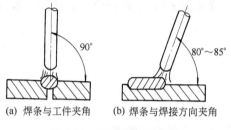

(a) 焊条与工件夹角　(b) 焊条与焊接方向夹角

图 5-20　平对接焊操作图

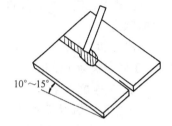

图 5-21　下坡焊操作示意图

（六）示范

按要领进行组装焊接，对于重点、难点在示范时要提示学习者，必要时可重复进行示范或分解示范。

实训课题十二　3mm 钢板平对接焊

1. 实训图样（图 5-22）

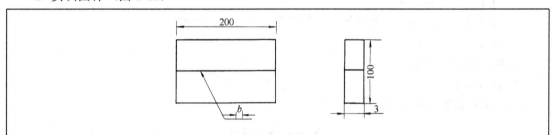

技　术　要　求

1. 自己确定焊接工艺参数，要求焊后无变形现象。

2. 要求在工件两端 20mm 内点固焊，间隙 b 自定。

3. 焊后清理工件，焊缝不得修饰和补焊。

课题号	12	课题名称	薄板平对接焊
材料	Q235	备材要求	200×50×3，2 块
核定工时/min	15	实做工时/min	

图 5-22　实训图样

2. 实训要求

（1）实训目的

掌握薄板焊接操作要领和技巧，能根据实际情况确定焊接速度，能良好地控制焊缝熔池的凹凸度和形状大小，从而避免出现焊缝缺陷。

（2）实训内容

① 填写下列工艺卡（表 5-15）。

表 5-15　工艺卡

工件牌号厚度	焊条型号直径	装配间隙	焊接电流	焊条角度	电弧长度	运条方法

② 焊缝余高 0.5～1.5mm、宽 4～5mm，平直、无明显焊缝缺陷，如夹渣、烧穿、气孔、裂纹等。

③ 装配、定位焊，焊接电流选择，焊缝高度、宽度的控制，焊条角度的选用，焊缝接头的训练。

（3）工时定额

工时定额为 15min。

（4）安全文明生产

① 能正确执行安全技术操作规程。

② 能按文明生产的规定，做到工作地整洁、工件、工具摆放整齐。

3. 训练步骤

对工件清理及焊缝边缘的修整；工件摆放位置；组装及定位焊；反变形 1°；清理定位焊点并进行焊接；清理焊缝的焊渣及飞溅等杂物；焊缝质量检查。

4. 安全注意事项

① 焊好的工件应妥善保管，均不可徒手触摸或脚踩，以免伤害。

② 清渣时注意戴好平光镜和躲避，以免焊渣飞入眼中或身上，造成烫伤。

③ 穿戴好个人防护用品，所用面罩不能漏光。

④ 电弧不熄灭时不能掀起面罩，不能不带面罩看他人操作。

5. 训练时间

训练时间为 4 学时。

6. 评分标准

评分标准如表 5-16 所示。

表 5-16　评分标准

序号	检测项目	配分	技术标准/mm	实测情况	得分	备注
1	焊缝余高	10	允许 0.5～1.5，每超差 1 扣 5 分			
2	焊缝宽度	9	允许 4～5，每超 1 扣 3 分			
3	接头成形	8	良好，否则每处脱节或超高扣 4 分			
4	焊缝成形	10	要求整齐、光滑、美观，否则每项扣 5 分			
5	焊缝高低差	8	允许 1，若＜2 每处扣 4 分，＞2 每处扣 8 分			
6	焊缝宽窄度	8	允许 1，若＜2 每处扣 4 分，＞2 每处扣 8 分			
7	夹渣	6	无，若有点渣＜2 扣 3 分，条渣＞2 扣 6 分			
8	烧穿	6	无，若有每处扣 3 分			

续表

序号	检测项目	配分	技术标准/mm	实测情况	得分	备注
9	焊件变形	8	允许1°,若<2°扣4分,>2°扣6分			
10	引弧痕迹	8	无,若有每处扣4分			
11	弧坑	6	无弧坑,若有扣6分			
12	焊件清洁	8	清洁,否则每处扣4分			
13	安全文明生产	5	服从管理,个人劳动保护好,否则扣5分			
	总分	100	实训成绩			

七、单面焊双面成形焊接技术

单面焊双面成形焊接技术，常用于一些质量要求高的小直径管道和压力容器等焊接结构中，由于从背面无法铲除焊根与重新焊接，要求在坡口一侧进行焊接后在焊缝正背面都能得到均匀整齐无缺陷焊道，这种焊接方法叫做单面焊双面成形焊接。单面焊双面成形焊接技术，是锅炉、压力容器焊工应熟练掌握的操作技能。其技术关键在于第一层打底焊，打底焊关键在于对焊缝"熔孔"控制，其余各层与V形坡口平对接焊相同。

焊接特点：操作技术难掌握，易出现焊瘤、未焊透、背面焊缝成形不美观、脱节、未熔合、夹渣、焊缝超高等多种焊缝缺陷。

（一）操作准备

实习工件：300mm×100mm×10mm，2块一组，加工出V形坡口。

焊条：E4303，ϕ3.2mm，ϕ4.0mm，需经150～200℃，烘干1～2h。

弧焊设备：BX1-300，ZXG-320。

辅助工具：焊条保温筒、磨光机、清渣锤、钢丝刷、面罩等。

（二）操作方法

步骤：打磨工件→修整坡口钝边→组装预留间隙→定位焊→反变形→打底焊→填充焊→盖面焊→清渣、检验。

操作要领如下。

（1）装配前

锉出钝边1～1.5mm，预留间隙始焊端3.2mm，终焊端4mm，方法是分别用直径为3.2mm和4mm的焊条芯夹在两头。预留反变形2°左右，不许有错边现象。

定位焊采用两端头部点焊，焊点长小于15mm，需焊牢，但不能过高，不许有任何焊缝缺陷，定位焊电流大小与填充焊电流相同。

（2）焊接工艺参数

焊接工艺参数如表5-17所示。

（3）焊接

① 打底焊。采用断弧焊法，从间隙较小一端定位焊点处起弧，再将电弧移到与坡口根部相接之处，以稍长的电弧（弧长约3.2mm）在该处摆动2～3个来回进行预热，然后立即压低电弧（弧长约2mm），此时焊条熔滴向母材过渡颗粒较大，并集中于电弧中心处，将已熔化坡口两侧连在一起，形成一个椭圆形熔池。焊条继续向前运动，当清楚地观察到熔池前方有一个与焊条直径相等圆孔（称熔孔）时，此时可听见电弧穿过间隙发出"噗噗"声，表

表 5-17 焊接工艺参数

焊层	焊条直径/mm	焊接电流/A	运条方法	电弧长度/mm	焊条角度	焊接方法
打底层	φ3.2	100～115		2～3	45°～55°	断弧焊
填充层		160～180	锯齿形		75°～85°	
盖面层	φ4.0	160～170		4～5	80°～90°	连弧焊

示根部已熔透。这时应立即提起焊条断弧，以防止熔池温度过高而形成焊瘤。断弧后，熔池温度迅速下降，通过护目镜观察熔池液态金属颜色逐渐变暗，最后只剩下中心部位一个亮点时，重新引弧。重新引弧时间应选在亮点直径大约缩小到焊条直径大小时，位置应在亮点中心处。这样电弧一半将前方坡口完全熔化，另一半将已凝固熔池的一部分重新熔化，从而形成一个新熔池和熔孔。新熔池一部分压在原先熔敷金属上与母材及原先熔池形成良好熔合，如此往复，直至焊完为止，如图 5-23 所示。控制熔孔要遵守"看"、"听"、"准"的技术要领。

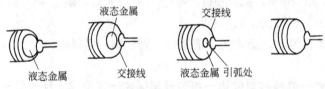

图 5-23 熔池液态金属凝固时，交接线的变化过程

（ⅰ）看。要认真观察熔池的形状和熔孔的大小。在焊接过程中注意将熔渣与液态金属分开，熔化金属是明亮而清晰的，熔渣是黑色的。熔孔大小以电弧能将两侧钝边完全熔化并深入每侧母材 0.5～1mm 为好。熔孔过大，背面焊缝余高过高，甚至形成收缩气孔、焊瘤或烧穿。熔孔过小，坡口两侧根部容易造成未焊透，甚至出现夹渣。

（ⅱ）听。焊接过程中，电弧击穿焊件坡口根部时会发出"噗噗"的声音，表明焊缝熔透良好。如果没有这种声音出现则表明坡口根部没有被电弧击穿。继续向前焊接，会造成未焊透缺陷。所以，在焊接时，应认真听电弧击穿焊件坡口根部发出的"噗噗"声音。

（ⅲ）准。焊接过程中，要准确地掌握好熔孔的形成及尺寸。即每一个新焊点应与前一个焊点搭接 2/3，保持电弧的 1/3 部分在焊件背面燃烧，用于加热和击穿坡口根部钝边，形成新的焊点。与此同时，在控制熔孔形成与尺寸的过程中，电弧应将坡口两侧钝边完全熔化，并准确地深入每侧母材 0.5～1mm。

② 填充焊、盖面焊操作方法与 V 形坡口平对接焊相同。

（三）注意事项

① 打底焊过程中的"接头"问题。打底焊"接头"方法有两种，一种是热接法，另一

种是冷接法。在热接法中，首先应有一个好的熄弧方法，即在焊条还剩 50mm 左右时，就要有熄弧的准备，将要熄弧时就应有意识地将熔孔做得比正常断弧时要大一点，以利接头。每根焊条焊完，换焊条的时间要尽量快，应迅速在熄弧处的后方（熔孔后）10mm 左右引弧，锯齿横向摆动到熄弧处的熔孔边缘，并透过护目镜看到熔孔两边沿已充分熔合，电弧稍往下压，听到"噗噗"声，同时也看到新的熔孔形成，立即断弧，接头焊条运动方式如图 5-24 所示，恢复正常断弧焊接。

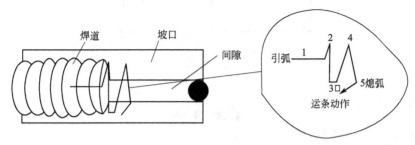

图 5-24　接头示意

② 有效地控制焊接熔池的熔孔对保证单面焊双面成形焊接质量非常重要。熔孔增大，表明熔池温度高，背面焊缝成形高，严重时出现焊瘤。熔孔小，表明熔池温度低，背面焊缝低，严重时会出现未熔合、未焊透现象。断弧焊时，造成温度高的主要原因是下一个起弧位置不正确（即超前），焊接时间过长，焊条在坡口两侧停顿时间不够，焊接电流过大而造成。熔孔减小，造成熔池温度低的主要原因是下一个起弧位置滞后或与前一个熔池相重叠，焊接时间过短，焊接电流过小而造成。只有正确的起弧位置，合适的断弧与焊接时间相匹配，才能获得良好的焊缝。

③ 在单面焊双面成形焊接操作中，焊条运动方法也非常重要，如位置不准确，运动方向不规范，运动时间不合适都会导致焊接失败，因此要在指导教师帮助下，掌握正确焊条运动方法。

④ 填充盖面焊时要特别注意对前一焊道清理工作，并修正焊缝过高处与凹槽。但盖面焊的表面焊缝不得进行任何修整。焊接时注意对焊接电流、焊条角度调整，确保焊缝质量。

在单面焊双面成形过程中应牢记"眼精、手稳、心静、气匀"的操作要领。"眼精"是指焊工的眼睛要时刻注意观察焊接熔池的变化，注意"熔孔"尺寸，后面的焊点与前一个焊点重合面积的大小，熔池中液态金属与熔渣的分离等。"手稳"，是指眼睛看到何处，焊条就应该按选用的运条方法、合适的弧长、准确无误地送到何处。以保证正、背两面焊缝表面成形良好。"心静"，是要求焊工在焊接过程中，专心焊接，别无他想。"气匀"，是指焊工在焊接过程中，无论是站位焊接、蹲位焊接还是坐位焊接，都要求焊工能保持呼吸平稳均匀。既不要大憋气，以免焊工因缺氧而烦躁，影响发挥焊接技能，也不要大喘气，以免焊工身体上下浮动而影响手稳。"心静、气匀"是前提，只有做到"心静、气匀"，焊工的"眼精、手稳"才能发挥作用。需要焊工在焊接实践中仔细体会和运用这一操作要领。

（四）示范

本课题示范重点在于打底层焊法，因此，对操作要领，操作动作在示范时要反复多次，让学习者深刻理解其中操作技巧。

实训课题十三　V形坡口单面焊双面成形焊接

1. 实训图样（图 5-25）

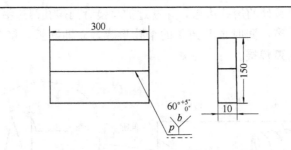

技　术　要　求

1. 装配平齐，p、b 自定，p 自己加工。
2. 自己确定焊接工艺参数。
3. 焊件两端 20mm 内进行定位焊，采用单面焊双面成形焊接技术进行焊接。
4. 焊缝表面若有严重夹渣、密集气孔、裂纹，正反面成形不规则者按 0 分记，焊后保持焊缝原始状态，不得修饰、焊补。

课题号	13	课题名称	V形坡口单面焊双面成形
材料	Q235	备材要求	300×100×10
核定工时/min	60	实做工时/min	

图 5-25　实训图样

2. 实训要求

（1）实训目的

掌握单面焊双面成形打底焊操作要领与技巧，能正确选择焊接工艺参数，焊接时能根据实际情况修整工艺参数，如焊接电流、运条方法、电弧长度，以达到能良好地控制熔池温度与形状的目的。

（2）实训内容

① 填写焊接工艺卡（表 5-18）。

表 5-18　焊接工艺卡

焊接层数	焊条直径	焊接电流	焊条角度	焊接方法	运条方法	间隙	钝边	反变形角度	电弧长度

② 焊缝正背面余高 0.5～1.5mm，宽度宽于坡口两侧 1～1.5mm，表面无任何焊缝缺陷，按 GB 3323—87 标准进行 X 射线检验，Ⅱ级片以上。

③ 单面焊双面成形打底焊灭弧焊法的训练。

④ 起头预热方法，接头的操作（冷接法、热接法），收尾方法训练。

⑤ 对熔孔控制方法，对熔池温度观察训练。

⑥ 焊条运条时的准确性训练，填充焊、盖面焊的训练。

（3）工时定额

工时定额为 60min。

（4）安全文明生产

① 能正确执行安全技术操作规程。

② 能按文明生产的规定，做到工作地整洁、工件、工具摆放整齐。

3．训练步骤

坡口检查与修整→坡口钝边尺寸确定与锉削→装配焊→反变形→工件摆放位置→打底焊→填充焊→盖面焊→清渣、检查。

4．训练时间

训练时间为 12 学时。

5．评分标准（表 5-19）

表 5-19　评分标准

序号	检测项目	配分	技术标准/mm	实测情况	得分	备注
1	焊缝正面余高	6	余高 0.5～1.5，每超 1 扣 3 分			
2	焊缝背面余高	8	余高 0.5～1.5，每超 1 扣 4 分			
3	焊缝正面宽度	8	比坡口两侧增宽 1～1.5，每超差 1 扣 4 分			
4	焊缝背面宽度	4	比焊缝两侧增宽 1～1.5，每超差 1 扣 2 分			
5	焊缝正背面成形	6	要求整齐、美观、波纹细、均匀、光滑，否每项扣 2 分			
6	咬边	6	深<0.5，每长 5 扣 3 分，深>0.5，每长 5 扣 6 分			
7	未焊透	8	无，若有每长 5 扣 4 分			
8	未熔合	4	深<0.5，每长 5 扣 2 分，深>0.5，每长 5 扣 4 分			
9	焊瘤	6	无，若有每个扣 3 分			
10	气孔	4	无，若有每个扣 2 分			
11	错边与角变形	2	无，若有每超 1 扣 2 分			
12	正背面连接	4	良好，凡有脱节或超高每处扣 4 分			
13	工件清洁	2	清洁，否则每处扣 1 分			
14	X 射线检验	30	Ⅰ级片合格，Ⅱ级片合格扣 10 分，Ⅲ片合格扣 30 分			
15	安全文明生产	2	安全文明操作，否则扣 2 分			
总　分		100	实训成绩			

八、平角焊焊接技术

（一）焊接特点

平角焊主要是指 T 形接头和塔接接头平焊。在操作时易产生咬边、未焊透、焊脚下偏（下垂）、夹渣等缺陷，如图 5-26 所示。

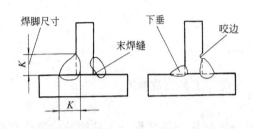

图 5-26　T 形接头焊缝容易产生的缺陷　　　　图 5-27　角焊缝各部位名称

（二）一般知识

① 角焊缝各部分名称，如图 5-27 所示。

② 角焊缝尺寸决定焊接层次与焊缝道数，一般当焊脚尺寸在 8mm 以下时，多采用单层焊，如图 5-28（a）所示；焊脚尺寸为 8~10mm 时，采用多层焊，如图 5-28（b）所示；焊脚尺寸大于 10mm 时，采用多层多道焊，如图 5-28（c）所示。

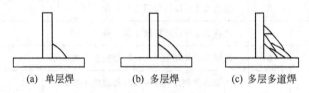

(a) 单层焊　　　　(b) 多层焊　　　　(c) 多层多道焊

图 5-28　焊道安排示意图

③ 焊角尺寸与钢板厚度有很大关系，随着板厚增加焊角尺寸也会增加，焊角尺寸增加接头承载能力也会增加，钢板厚度与焊角尺寸的关系见表 5-20。

表 5-20　钢板厚度与焊角尺寸的关系

钢板厚度/mm	≥2~3	>3~6	>6~9	>9~12	>12~16	>16~23
最小焊脚尺寸/mm	2	3	4	5	6	8

④ 焊脚尺寸大小均匀，断面形状符合要求，如图 5-29 所示。

(a) 最差　　　　(b) 尚可　　　　(c) 最佳

图 5-29　平角焊缝焊脚断面形状

（三）操作准备

实习工件：Q235 板，规格 300mm×200mm×16mm，300mm×100mm×16mm。

弧焊设备：BX1-300，ZXG-350。

焊条：E4303，ϕ4.0mm，烘干。

辅助工具：清渣锤、纱布、钢丝刷、锉刀、面罩及个人劳动保护用品。

（四）操作方法

1. 步骤

清理工件→装配、固定焊→选择焊接工艺参数→施焊→焊接清理→检查。

2. 操作要领

① 焊条角度是指焊条与水平焊件所构成的夹角。夹角的大小应根据两板厚度来决定，焊条角度大则焊角尺寸大，反之焊条角度小，则焊角尺寸就小，如图 5-30 所示。

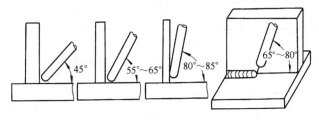

图 5-30　平角焊操作图

② 运条方法。当焊角尺寸较小时，可选用直线形运条，操作方法是将焊条端头的套管边缘靠在焊缝上，并轻轻地压住它，当焊条熔化时，会逐渐沿着焊接方向移动。这样不但便于操作，还可获得较大熔深，焊缝表面也美观。当焊角尺寸较大时，可采用斜圆圈形或反锯齿形运条方法。操作方法，如图 5-31 所示。

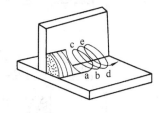

图 5-31　T形接头斜圆圈运条

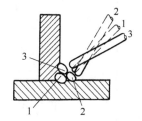

图 5-32　多层多道焊各焊道的焊条角度

由 a 进入 b 时要放慢速度，以保证水平焊件的熔深；由 b 进入 c 时需稍快，以防熔化金属下淌；在 c 处需停留片刻，以保证垂直焊件的熔深，也避免咬边；由 c 进入 d 时稍慢，以保证根部焊透和水平焊件的熔深，防止夹渣。由 d 进入 e 时也应稍快，到 e 处应停留片刻。依次反复，直至焊完为止。

③ 焊接电流应根据焊条直径来选择，一般情况比平对接焊大 10%～15%。

④ 焊条直径应根据工件厚度来选择，原则上比平对接焊直径稍大。

⑤ 起头时要拉长电弧作预热动作；接头时要清渣；收尾时要填满弧坑。

⑥ 当焊脚尺寸在 8～10mm 时，需采用两层两道焊法。第一层焊时，如图 5-32 中 1，采用小直径焊条，稍大的电流，以获得较大的熔深，运条方法选用直线形。在第二层焊之前应对第一层的熔渣进行彻底地清理，若有缺陷需进行修整，这样才能保证层与层之间的紧密结合。第二层焊采用斜圆圈或反锯齿形焊接。

当焊脚尺寸大于 10mm 时，应采用多层多道焊。对于多道焊，在焊接第二层的第一道焊缝时，应覆盖在第一层焊缝 2/3 上，这时焊条与水平焊件的角度要稍大些，如图 5-32 中 2

表示，以使熔化金属与水平焊件很好地熔合。焊条与焊接方向夹角不变，运条方法可采用直线形或小斜圆圈、小反锯齿形。

焊接第二层第二道时，对第二层第一道焊缝的覆盖应有⅓～½，焊条与水平焊件的角度减少，如图 5-32 中 3 表示。运条采用直线形，速度保持均匀。不宜太慢，否则会产生下垂现象，造成焊缝成形不美观。

⑦ 焊接工艺参数的选择（表 5-21）。

表 5-21　焊接工艺参数

层　次	焊角尺寸 /mm	焊条直径 /mm	焊接电流 /A	运条方法	焊条角度
一层一道焊	<8	ϕ3.2	100～130	直线形斜圆圈形	45°
二层二道焊	8～10	ϕ3.2	100～130		45°
		ϕ4.0	180～190		
二层三道焊	>10	ϕ3.2	100～130	直线形	50°~55°　40°~50°
		ϕ4.0	180～190		
三层六道焊	>12	ϕ3.2	100～130		65°~75°　60°~65°
		ϕ4.0	180～200		50°~55°

⑧ 组装时，要保证两块工件相互垂直 90°±10′，点固焊点应处于端 20mm 以内，且点牢，无缺陷，焊接时应采用两面焊。

（五）焊接时注意事项

① 焊接时注意观察熔池，避免产生咬边、夹渣、下蹋等不良现象。

② 焊条角度要正确，太小会造成根部熔深不够，太大熔渣易跑到熔池前面造成夹渣。

③ 运条时要有规律，不能忽快忽慢，否则易出现下垂、咬边等焊缝缺陷，运条方法要正确选择、当发现不合适时立即调整。

④ 焊接时，应采取有效防止焊接变形的方法，在焊接过程中，要注意对焊道合理安排。

⑤ 注意焊缝的起头、接头不能过高，上道焊缝接头与下一道焊缝接头不应相重叠，收尾填满弧坑。

⑥ 合理安排焊道，注意层与层之间结合性，若发现问题需及时调整操作方法和焊接工艺参数。

⑦ 焊接时每焊一道焊缝都必须认真地清渣后方可焊下一道焊缝。

（六）示范

按照操作步骤进行示范，特别是焊条角度对熔池的观察与控制、焊道排列、操作要领等进行示范。对于重点、难点还应放慢速度，或进行分解动作示范。

实训课题十四 平 角 焊

1. 实训图样（图 5-33）

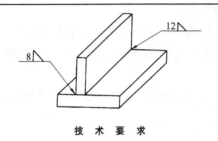

技 术 要 求

1. 两块板装配成 T 形接头。
2. 自己确定焊接工艺参数。
3. 焊件两端 20mm 内进行定位焊，采用多层多道双面焊。
4. 焊缝表面若有严重夹渣、密集气孔、裂纹，表面成形不规则者按 0 分记，焊后保持焊缝原始状态，不得修饰、焊补。

课题号	14	课题名称	平角焊
材料	Q235	备材要求	300×100×16 300×200×16
核定工时/min	60	实做工时/min	

图 5-33 实训图样

2. 实训要求

（1）实训目的

掌握单层单道焊，单层二道焊，二层三道焊、三层六道焊的操作方法，学会处理在焊接过程中出现的焊缝缺陷。能够灵活地选择焊接工艺参数及应用。

（2）实训内容

① 填写焊接工艺卡（表 5-22）。

表 5-22 焊接工艺卡

焊机类型	焊条型号	焊条直径	焊接电流	焊道层数	焊条角度	电弧长度	接头形式	焊件厚度	装配间隙

② 焊缝平整、焊波均匀、无焊缝缺陷。

③ 焊缝局部咬边深度不应大于 0.5mm，长度不应长于 10mm。

④ 焊脚分布对称，能按板厚确定焊脚尺寸。

⑤ 焊后不允许有明显的角变形。

（3）工时定额

工时定额为 60min。

（4）安全文明生产

① 能正确执行安全技术操作规程。

② 能按文明生产的规定，做到工作地整洁、工件、工具摆放整齐。

3. 训练步骤

① 用工具清理工件表面油、锈、漆等。

② 组装：在平台上将两块板组装成 T 形，立板与水平板预留间隙 1～2mm 间隙，用 90°角尺测量准确后，两点固定焊。

③ 选择焊接工艺参数，调整焊接电流，进行正式焊接。

④ 焊接前对焊条角度，运条方法的确定，焊接过程中对焊条角度及运条方法调整，达到有效控制熔池的目的。

⑤ 焊后对焊缝进行彻底清渣、检查，发现缺陷及时处理。评定焊缝质量。

4. 训练时间

训练时间为 4 学时。

5. 评分标准

评分标准如表 5-23 所示。

表 5-23　评分标准

序号	检测项目	配分	技术标准/mm	实测情况	得分	备注
1	焊脚高度	10	焊脚高 12,每超差 1 扣 5 分			
2	焊缝高低差	4	允许 1,否则每超差 1 扣 4 分			
3	焊缝宽窄差	10	允许 1,每超差 1 扣 5 分			
4	焊脚下踢	8	无,若有每长 10 扣 4 分			
5	接头成形	6	良好,若脱节或超高每处扣 3 分			
6	夹渣	8	无,若有点渣<2,每处扣 4 分,条块渣>2,每处扣 8 分			
7	咬边	12	深<0.5,每长 10 扣 4 分,深>0.5,每长 10 扣 6 分			
8	气孔	6	无,若有每个扣 2 分			
9	弧坑	8	无,若有每处扣 8 分			
10	焊缝成形	8	整齐、美观、均匀,否则每项扣 4 分			
11	焊件变形	6	允许 1°,若>1°扣 6 分			
12	电弧擦伤	4	无,若有每处扣 2 分			
13	表面清洁	6	清洁,否则每处扣 3 分			
14	安全文明生产	4	安全文明操作,否则扣 4 分			
	总　分	100				

第三节　立　焊

一、立焊的特点

立焊是指与水平面相垂直的立位焊缝的焊接称为立焊。根据焊条的移动方向，立焊焊接方法可分为二类，一类是自上向下焊，需特殊焊条才能进行施焊，故应用少。另一类是自下向上焊，采用一般焊条即可施焊，故应用广泛。

立焊较平焊操作困难，具有下列特点。

① 铁水与熔渣因自重下坠，故易分离。但熔池温度过高时，铁水易下流形成焊瘤、咬边。温度过低时，易产生夹渣缺陷。

② 易掌握熔透情况，但焊缝成形不良。

③ T型接头焊缝根部易产生未焊透现象，焊缝两侧易出现咬边缺陷。

④ 焊接生产效率较平焊低。

⑤ 焊接时宜选用短弧焊。

⑥ 操作技术难掌握。

二、立焊操作的基本姿势

（一）基本姿势

站姿、坐姿、蹲姿，如图 5-34 所示。

(a) 站姿　　　　　(b) 坐姿　　　　　(c) 蹲姿

图 5-34　立焊操作姿势

（二）握钳方法

立焊时，手握焊钳的方法为正握、平握、反握、如图 5-35 所示。

(a) 正握　　　　　(b) 平握　　　　　(c) 反握

图 5-35　立焊握钳姿势

三、立焊操作的一般要求

1. 保证正确的焊条角度

一般情况焊条角度向下倾斜 60°~80°，电弧指向熔池中心，如图 5-36 所示。

图 5-36　立焊焊条角度图

2. 选用合适工艺参数

选用较小焊条直径（＜ϕ4.0mm），较小焊接电流（比平焊小 20％左右），采用短弧焊。焊接时要特别注意对熔池温度控制，不要过高，可选用灭弧焊法来控制温度。

3. 选用正确运条方法

一般情况可选用锯齿形、月牙形、三角形运条方法。当焊条运至坡口两侧时应稍作停顿，以增加焊缝熔合性和减少咬边现象发生，如图 5-37 所示。

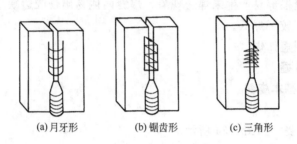

(a)月牙形　　　　(b)锯齿形　　　　(c)三角形

图 5-37　立对接焊运条方法

4. 掌握良好操作姿势

为了便于观察熔池和熔滴过渡情况，操作时可采取胳臂有依托和无依托两种姿势。有依托，胳臂轻轻地托在上体的肋部或大腿、膝盖位置。这种方法比较平稳、省力。无依托是把胳臂半伸开悬空操作，要靠胳臂的伸缩来调节焊条位置，胳臂活动范围大，但操作难度也较大。

四、薄板立对接单面焊焊接技术

（一）焊接特点

焊缝成形不美观，易烧穿，易出现熔池温度过高，形成焊瘤和咬边。同时也易出现夹渣现象，熔池形状难以控制。

（二）操作准备

实习工件：300mm×50mm×6mm，2 块一组。

焊条：E4303，ϕ3.2mm，烘干。

弧焊设备：BX1-300，ZXG-350。

辅助工具：清渣工具及劳动保护用品。

（三）操作步骤

清理待焊处→选择焊接工艺参数→装配工件、定位焊、反变形→焊接→清渣、检查。

（四）操作要领

6mm 板不开坡口立对接焊属于较薄板焊接，有一定难度，因此，在焊接时为了能获得良好焊缝质量和便于操作，常采用跳弧焊法和灭弧焊法。

1. 跳弧焊法

当熔滴脱离焊条末端过渡到熔池后，立即将电弧向焊接方向提起，使熔化金属有凝固机会（通过护目玻璃可以看到熔池中白亮熔化金属迅速凝固，白亮部分也逐渐缩小），形成一个"台阶"，当熔池缩小到焊条直径 1～1.5 倍时，将提起的电弧拉回到熔池"台阶"上面，当熔滴过渡到熔池后（形成新的"台阶"），再提起电弧，如此重复以上过程就可以自下而上地形成良好焊缝。

2. 灭弧焊法

当熔滴从焊条末端过渡到熔池后，立即将电弧熄灭使熔化金属有瞬时凝固机会，随后重新在弧坑引燃电弧，这样交错地进行直至整条焊缝焊完为止。

3. 焊接工艺参数选择（表5-24）

表 5-24　焊接工艺参数

焊条直径/mm	焊接电流/A	运条方法	熔池形状	焊接层数	电弧长度/mm	焊接方法
φ2.5	80～90	锯齿形或月牙形		1	1～2	跳弧法
φ3.2	90～100				2～3	灭弧法

（五）焊接时注意事项

① 焊接时注意对熔池形状观察与控制。若发现熔池呈扁平椭圆形，如图5-38(a)所示，说明熔池温度合适。熔池的下方出现鼓肚变圆时，如图5-38(b)所示，则表明熔池温度已稍高，应立即调整运条方法，即焊条在坡口两侧停留时间增加，中间过渡速度加快，且尽量缩短电弧长度。若不能将熔池恢复到偏平状态，反而鼓肚有扩大的趋势，如图5-38(c)所示，则表明熔池温度已过高，不能通过运条方法来调整温度，应立即灭弧，待降温后再继续焊接。

　　(a)正常　　　　(b)温度稍高　　　(c)温度过高

图 5-38　熔池形状与温度的关系

② 握钳方法可根据实际情况和个人习惯来确定，一般常用正握法。

③ 采用跳弧焊时，为了有效地保护好熔池，跳弧长度不应超过6mm。采用灭弧焊时，在焊接初始阶段，因为焊件较冷，灭弧时间短些，焊接时间可长些。随着焊接时间延长，焊件温度增加，灭弧时间要逐渐增加，焊接时间要逐渐减短。这样才能有效地避免出现烧穿和焊瘤。

④ 立焊是一种比较难焊位置，因此在起头或更换焊条时，当电弧引燃后，应将电弧稍微拉长，对焊缝端头起到预热作用后再压低电弧进行正式焊接。当接头采用热接法时，因为立焊选用的焊接电流较小、更换焊条时间过长、接头时预热不够及焊条角度不正确，造成熔池中熔渣、铁水混在一起，接头中产生夹渣和造成焊缝过高现象。若用冷接法，则应认真清理接头处焊渣，于待焊处前方15mm处起弧，拉长电弧，到弧坑上2/3处压低电弧作划半圆形接头。立焊收尾方法较简单，采用反复点焊法收尾即可。

（六）示范

按要求进行示范，对于引弧动作、接头动作、控制调整熔池温度动作进行分解示范，做到边讲解边示范，让学习者掌握操作要领，提高训练效率。

实训课题十五　6mm 钢板不开坡口立对接单面焊

1. 实训图样（图5-39）

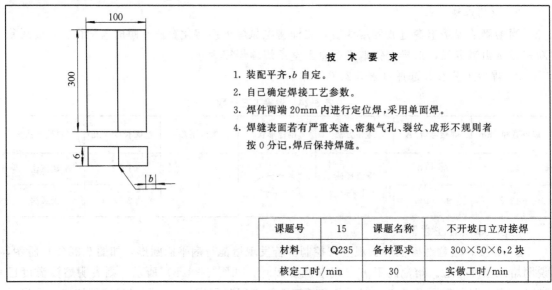

图 5-39　实训图样

2. 实训要求

（1）实训目的

掌握 6mm 板立对接焊操作姿势、操作要领，能正确选择焊接工艺参数，灵活运用操作技巧，通过调节电弧长度，焊条在某处停留时间来控制熔池温度及形状，达到提高焊缝质量的目的。

（2）实训内容

① 填写焊接工艺卡（表 5-25）。

表 5-25　焊接工艺卡

焊机类型	焊条型号	焊条直径	焊接电流	焊道层数	焊条角度	电弧长度	运条方法	装配间隙 b	工件厚度

② 焊缝宽度为 10mm，高度为 0.5～1.5mm，高低差为 1.0mm。

③ 焊缝表面均匀，接头处无脱节、焊波较平整。

④ 无明显咬边、夹渣、烧穿等现象。

装配、预留间隙、定位焊；焊接电流的选择与调节；运条方法、焊条角度的确定；操作姿势、操作技巧的训练；跳弧焊、灭弧焊法的专项训练。

（3）工时定额

工时定额为 30min。

（4）安全文明生产

① 能正确执行安全技术操作规程。

② 能按文明生产的规定，做到工作地整洁、工件、工具摆放整齐。

3. 训练步骤

① 对工件进行修整，预留间隙 1～1.5mm。

② 选定焊接工艺参数，进行定位焊，焊点于焊缝两端 20mm 内进行。

③ 清理点焊处的焊渣，进行反变形。

④ 摆放好工件，高度位置与眼睛平行即可。

⑤ 焊接。在坡口下端定位焊缝上引弧，并将电弧移至坡口下端处，如图 5-40(a) 所示。用长弧预热坡口根部，当达到半熔化状态时，把焊条开始熔化的熔滴向外甩掉，勿使熔滴进入焊缝，如图 5-40(b) 所示。预热后立即压低电弧至 2～3mm，用短弧自下向上焊接。焊条与工件左右方向各成 90°，焊条与焊缝成 60°～85°，如图 5-41 所示。用月牙形或锯齿形运条方法，采用跳弧焊法或灭弧焊法操作。操作时要控制好熔池形状，不能让其变形。更换焊条要快，在距离熔池末尾 5～6mm 焊道处引弧后移至熔池，稳弧片刻进行正常焊接。

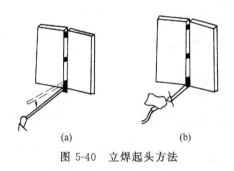 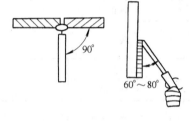

图 5-40　立焊起头方法　　　　　图 5-41　焊接时焊条角度

⑥ 清渣、检查质量。

4．注意事项

① 由于立焊位置的特殊性，故在焊接时要特别注意飞溅烧伤，应穿戴好工作服，戴好焊接皮手套及工作帽。

② 清渣时要戴好护目平光眼镜。

③ 在搬运及翻转焊件时，应注意防止手脚压伤或烫伤。

④ 工件摆放高度应与操作者眼睛相平行。将工件夹牢固，防止倒塌伤人。

⑤ 焊好的工件应妥善保管好，不能脚踩或手拿，以免烫伤。

⑥ 严格按照操作规程操作，出现问题应及时报告指导教师解决。

5．训练时间

训练时间为 6 学时。

6．评分标准

评分标准如表 5-26 所示。

表 5-26　评分标准

序号	检测项目	配分	技术标准/mm	实测情况	得分	备注
1	焊缝余高	6	允许余高 0.5～2,每超差 1 扣 3 分			
2	焊缝宽度	6	允许 8～10,每超差 1 扣 3 分			
3	焊缝高低差	8	允许 1,每超差 1 扣 4 分			
4	接头成形	6	良好,凡脱节或超高每处扣 3 分			
5	焊缝成形	12	要求细、匀、整齐、光滑,否则每项扣 4 分			

续表

序号	检测项目	配分	技术标准/mm	实测情况	得分	备注
6	焊缝平直	8	要求平直,否则每处扣4分			
7	焊缝烧穿	6	无,若有每处扣3分			
8	夹渣	5	点渣<2,每处扣2分,条块渣>2,每处扣5分			
9	咬边	8	深<0.5,每长10扣4分,深>0.5,每长10扣5分			
10	弧坑	4	饱满、无焊缝缺陷,达不到每处扣4分			
11	焊件变形	4	允许1°,否则每度扣2分			
12	引弧痕迹	4	无,若有每处扣2分			
13	焊瘤	6	无,若有每个扣3分			
14	起头	4	饱满、熔合好、无缺陷,否则每处扣4分			
15	运条方法	4	选择不当而导致焊接失败扣4分			
16	试件清洁	4	清洁,否则每处扣2分			
17	安全文明生产	5	服从劳动管理,穿戴好劳动保护用品,否则扣5分			
总　分		100	实训成绩			

五、V形坡口立对接双面焊焊接技术

(一)焊接特点

V形坡口立对接双面焊焊接技术与6mm板立焊相比较操作方法较好掌握,熔池温度较好控制,但由于焊件较厚,需采用多层多道焊,故给焊接操作带来一定困难,特别是打底焊,若掌握不好会出现多种焊接缺陷,如夹渣、焊瘤、咬边、未焊透、烧穿、焊缝出现尖角等。

(二)操作准备

实习工件:300mm×150mm×10mm,2块一组。

弧焊设备:BX1-300,ZXG-350。

焊条:E4303,ϕ3.2mm。

辅助工具:清渣工具、处理缺陷工具、个人劳动保护用品等。

(三)操作步骤

清理工件→校对坡口角度→组装→定位焊→清渣→反变形→打底焊→填充焊→盖面焊→反转180°焊→清渣→检查。

(四)操作要领

(1)清理工件

校对坡口角度、组装、定位焊、清渣与开坡口平对接焊基本相同。组装时预留间隙2~3mm为宜,反变形角度2°~3°为宜。

(2)打底焊

V形坡口底部较窄,焊接时若工艺参数选择不当,操作方法不正确都会出现焊缝缺陷。为获得良好焊缝质量,应选用直径为3.2mm焊条,电流90~100A,焊条角度与焊缝成70°~80°,运条方法选用小三角形、小月牙形、锯齿形均可,操作方法选用跳弧焊,也可用灭弧焊(单面焊双面成形多用此法)。焊接时注意对熔池形状、大小的控制,避免烧穿,避

免呈凸形（如图 5-42）、夹渣等。

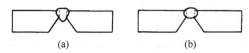

图 5-42　V 形坡口立对接焊的根部焊缝

（3）填充焊

焊前应对底层焊进行彻底清理，对于高低不平处应进行修整后再焊，否则会影响下一道焊缝质量。调整焊接工艺参数，焊接电流 95～105A，焊条角度与焊缝成 60°～70°，运条方法与打底焊相同，但摆动幅度要比打底焊宽，操作方法可选择跳弧焊法或稳弧焊法（焊条横摆频率要高，到坡口两侧停顿时间要稍长），以免焊缝出现中间凸，两侧低，造成夹渣现象。

（4）盖面焊

焊前要彻底清理前一道焊缝及坡口上的焊渣及飞溅。盖面焊前一道焊缝应低于工件表面 0.5～1.0mm 为佳，若高出该范围值，盖面焊时会出现焊缝过高现象，若低于该范围值，盖面焊时则会出现焊缝过低现象。盖面焊焊接电流应比填充焊要小 10A 左右，焊条角度应稍大些，运条至坡口边缘时应尽量压低电弧且稍停片刻，中间过渡应稍快，手的运动一定要稳、准、快，只有这样才能获得良好焊缝。

翻转 180°背面焊，电流应稍大，运条方法与盖面焊相同，行走速度应稍快些，以免焊缝过高。

焊接工艺参数选择方法如表 5-27 所示。

表 5-27　焊接工艺参数

层　　数	焊条直径/mm	焊接电流/A	运条方法	电弧长度/mm	焊条角度	焊缝形状
底层焊 1	3.2	90～100	三角形 月牙形 锯齿形	2～3	70°～80°	
填充焊 2、3		95～105			60°～70°	
盖面焊 4		90～100			90° 75°～85°	
背面焊 5		95～110			70°～80°	

（五）示范

按操作步骤进行示范，对于重点、难点应放慢速度分步讲解或反复多次进行示范，一直到学习者看懂为止。

实训课题十六　V形坡口立对接双面焊

1. 实训图样（图 5-43）

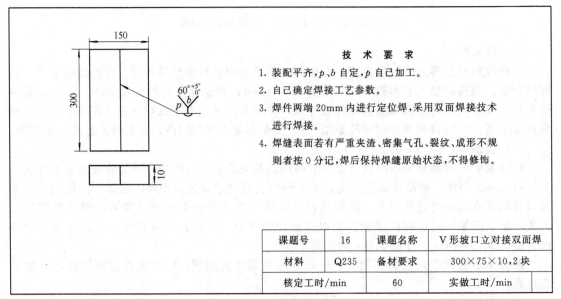

技　术　要　求

1. 装配平齐，p、b 自定，p 自己加工。
2. 自己确定焊接工艺参数。
3. 焊件两端 20mm 内进行定位焊，采用双面焊接技术进行焊接。
4. 焊缝表面若有严重夹渣、密集气孔、裂纹、成形不规则者按 0 分记，焊后保持焊缝原始状态，不得修饰。

课题号	16	课题名称	V形坡口立对接双面焊
材料	Q235	备材要求	300×75×10,2 块
核定工时/min	60	实做工时/min	

图 5-43　实训图样

2. 实训要求

（1）实训目的

掌握 V 形坡口立对接焊焊接操作要领及技巧，掌握好控制焊缝熔池方法，掌握运条方法，提高焊缝质量方法。

（2）实训内容

① 填写焊接工艺卡（表 5-28）。

表 5-28　焊接工艺卡

焊接层数	焊条直径	焊接电流	焊条角度	焊接方法	运条方法	间隙	钝边	反变形角度	电弧长度

② 焊缝尺寸要求，焊缝高 0.5～1.5mm，正面焊缝宽度为宽于坡口两侧 0.5～1.5mm；背面焊缝高 0.5～1.5mm，宽为 12～14mm，焊缝高低差 1.0mm，焊缝表面无明显缺陷，如咬边、夹渣、气孔、过高、过低、过窄、过宽等现象。

③ 操作方法的训练。

④ 焊接工艺参数的选择与调节。

⑤ 能灵活运用焊条角度、运条方法来控制熔池温度、形状、大小。

⑥ 运条方法的正确操作。

⑦ 正确处理焊接过程中出现的焊缝缺陷。

⑧ 合理安排焊道层次，提高焊缝质量。

（3）工时定额

工时定额为 60min。

（4）安全文明生产

① 能正确执行安全技术操作规程。

② 能按文明生产的规定，做到工作地整洁、工件、工具摆放整齐。

3. 训练步骤

① 清理工件表面杂物，使坡口两侧 20mm 内露出金属光泽。

② 选择焊接工艺参数。

③ 校对坡口角度和钝边厚度。

④ 组装平齐、无错边现象，定位焊电流选择与填充焊电流一致。

⑤ 清渣、进行反变形。

⑥ 调整焊接电流，选择运条方法，开始打底焊。

⑦ 认真清渣后调整电流开始填充焊。

⑧ 盖面焊后清渣，检查焊缝质量。

4. 注意事项

① 装配好工件后要注意反变形。

② 将间隙较小一端放在起焊处，调节焊接电流进行打底焊。

③ 对准起焊处中心部位，用划擦法或直击法引燃电弧，焊条与工件夹角成 90°，拉长电弧对起焊点进行预热，待看到坡口处出现汗珠后立即压低电弧，进行正式焊接。焊接时注意焊条角度的正确，运条方法的正确，否则会出现焊缝缺陷。

④ 更换焊条动作要迅速准确，收尾要饱满，无任何焊缝缺陷。

⑤ 背面焊时要注意调整焊接工艺参数及操作方法。

⑥ 焊后清渣、检查焊缝质量。

5. 训练时间

训练时间为 10 学时。

6. 评分标准（表 5-29）

六、立角焊焊接技术

（一）立角焊焊接特点

T 形接头、塔形接头焊缝处于立焊位置的焊缝称为立角焊。焊接时焊缝根部（角顶）易出现未焊透，焊缝两旁易出现咬边，焊缝中间易出现夹渣等焊缝缺陷。

（二）操作准备

实习工件：Q235，300mm×150mm×10mm，2 块一组。

弧焊电源：BX1-300，ZXG-350。

焊条：E4303，ϕ3.2mm，烘干。

辅助工具：清理工具，个人劳动保护用品等。

（三）操作步骤

清理工件→组装工件→定位焊→清渣→选择焊接工艺参数→焊接→清渣、检验。

表 5-29　评分标准

序号	检测项目	配分	技术标准/mm	实测情况	得分	备注
1	焊缝正背面余高	12	余高 0.5～1.5,每超差 1 扣 6 分			
2	焊缝正面宽度	8	比坡口每侧增宽 0.5～1.5,每超差 1 扣 4 分			
3	焊缝背面宽度	8	宽度 12～14,每超差 1 扣 4 分			
4	正背面接头	8	良好,凡脱节或超高每处扣 4 分			
5	正背面焊缝成形	10	要求美观、均匀、波纹细,否则每项扣 5 分			
6	焊缝层检	6	无任何焊缝缺陷,有每项扣 5 分			
7	正背面咬边	10	深＜0.5,每长 10 扣 5 分,深＞0.5,每长 5 扣 10 分			
8	正背面夹渣	8	点渣＜2,每处扣 4 分,条块渣＞2,每处扣 8 分			
9	正背面气孔	8	无,若有每个扣 2 分			
10	焊瘤	8	无,若有每个扣 4 分			
11	变形	6	允许 1°,每超 1°扣 3 分			
12	试件清洁	4	清洁,否则每处扣 2 分			
13	安全文明生产	4	安全文明操作,否则扣 4 分			
总　分		100	实训成绩			

（四）操作要领

① 用清理工具将工件表面上的杂物清理干净,将待焊处矫平直。

② 组装成 T 形接头,并用 90°角尺将工件测量准确后,再进行点固焊。

③ 选择焊接工艺参数（表 5-30）。

表 5-30　焊接工艺参数

层　次	焊角直径/mm	焊接电流/A	焊角高度/mm	焊接道数	运条方法	电弧长度/mm	焊条角度
第一层	φ3.2	90～110	5	1	锯齿形 三角形 月牙形	2～3	45° 75°～90°
第二层		100～120	10				

④ 焊接,从工件下端定位焊缝处引弧,引燃电弧后拉长电弧作预热动作,当达到半熔化状态时,把焊条开始熔化的熔滴向外甩掉,勿使这些熔滴进入焊缝,立即压低电弧至 2～3mm,使焊缝根部形成一个椭圆形熔池,随即迅速将电弧向上提高 3～5mm,等熔池冷却为一个暗点,直径约 3mm 时,将电弧下降到引弧处,重新引弧焊接,新熔池与前一个熔池重叠 2/3,然后再提高电弧,即采用跳弧操作手法进行施焊。第二层焊接时可选用连弧焊,但焊接时要控制好熔池温度,若出现温度过高时应随时灭弧,降低熔池温度后再起弧焊接,从而避免焊缝过高或焊瘤的出现。

焊缝接头应采用热接法,做到快、准、稳。若采用冷接法应彻底清理接头处焊渣,操作方法类似起头。焊后应对焊缝进行质量检查,发现问题应及时处理。

（五）注意事项

① 焊接电流可稍大些，以保证焊透。

② 焊条角度应始终保持与焊件两侧板获得温度一致为标准。若达不到即会出现夹渣、咬边现象。

③ 焊接时要特别注意对熔池形状、温度、大小的控制，一旦出现异样，立即采取措施。后一个熔池与前一个熔池相重叠 2/3 为佳，接头时要注意接头位置，避免脱节现象发生。

④ 焊条摆动应有规律、均匀，当焊条摆到工件两侧时，应稍作停顿，且压低电弧。这样一可防止夹渣产生；二可防止咬边产生；三可得到均匀的焊缝。

⑤ 角焊的运条方法，如图 5-44 所示。

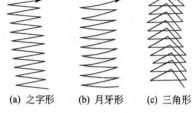

(a) 之字形　(b) 月牙形　(c) 三角形

图 5-44　立焊运条方法

（六）示范

按照操作要领进行示范。对于熔池形状、温度、大小的控制，运条方法的示范应放慢速度。先用正确方法示范，再用错误方法示范，让学习者有比较，训练时避免出现错误。

实训课题十七　立　角　焊

1. 实训图样（图 5-45）

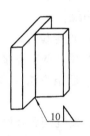

技 术 要 求

1. 装配成 T 形。

2. 自己确定焊接工艺参数。

3. 焊件两端 20mm 内进行定位焊，采用两面焊。

4. 焊缝表面若有严重夹渣、密集气孔、裂纹、成形不规则者按 0 分计，焊后保持焊缝原始状态，不得修饰、补焊。

课题号	17	课题名称	立角焊
材料	Q235	备材要求	300×200×10 300×100×10
核定工时/min	60	实做工时/min	

图 5-45　实训图样

2. 实训要求

（1）实训目的

掌握立角焊操作要领，能顺利地焊出合格、美观焊缝，焊缝质量达到标准，同时掌握多种焊接运条方法、操作技能，并能灵活正确选用。

（2）实训内容

① 填写焊接工艺卡（表 5-31）。

表 5-31　焊接工艺卡

焊接层数	焊条直径	焊接电流	运条方法	电弧长度	接头形式	焊件厚度	焊接方法

② 焊缝表面平直、宽窄一致，焊角高 10mm 且均匀分布，焊缝外形呈凹状或平状，无咬边、夹渣、焊瘤等缺陷，焊件上无引弧痕迹。

③ 装配方法、装配尺寸的测量。

④ 焊接工艺参数的确定。

⑤ 对焊接变形的控制方法。

⑥ 焊接操作方法的掌握。

⑦ 提高焊缝质量的技巧。

（3）工时定额

工时定额为 50min。

（4）安全文明生产

① 能正确执行安全技术操作规程。

② 能按文明生产的规定，做到工作地整洁、工件、工具摆放整齐。

3. 训练步骤

① 清理工件表面杂物，矫直工件边缘。

② 将两块工件组装成 T 形，采用两点定位焊。

③ 选择焊接工艺参数，开启弧焊电源，调整焊接电流，开始焊接。

④ 在焊接过程中要利用焊条角度、运条方法来调整熔池的形状与温度，从而避免焊瘤的产生。

⑤ 焊完每层都要认真清渣、检查，发现问题及时处理。

⑥ 评定焊缝质量。

4. 训练时间

训练时间为 6 学时。

5. 评分标准（表 5-32）

表 5-32　评分标准

序号	检测项目	配分	技术标准/mm	实测情况	得分	备注
1	焊脚高度	10	焊角高度 12，每超差 1 扣 5 分			
2	焊缝高低差	8	允许 1，每超差 1 扣 4 分			
3	焊缝宽窄差	6	允许 1，每超差 1 扣 3 分			
4	焊瘤	6	无，若有每处扣 3 分			
5	接头成形	6	良好，凡脱节或超高每处扣 3 分			
6	夹渣	8	无，若有点渣＜2，每处扣 4 分，条块渣＞2，每处扣 8 分			
7	咬边	12	深＜0.5，每长 10 扣 4 分，深＞0.5，每长 10 扣 6 分			

续表

序号	检测项目	配分	技术标准/mm	实测情况	得分	备注
8	气孔	6	无,若有每处扣3分			
9	弧坑	8	无,若有每处扣8分			
10	焊缝成形	12	整齐、美观、均匀,否则每项扣4分			
11	焊件变形	4	允许1°,凡>1°扣4分			
12	电弧擦伤	4	无,若有每处扣2分			
13	表面清洁	6	无,若有每处扣3分			
14	安全文明生产	4	安全文明操作,否则扣4分			
总　分		100	实训成绩			

第六章 气　　割

第一节　气割的基本原理

气割通常是指气体火焰切割。是利用可燃气体与氧气混合燃烧的预热火焰，将被切割的金属加热到燃点，并在氧气的射流中剧烈燃烧，金属燃烧时生成的氧化物在熔化状态时被切割氧气流吹走，从而实现对金属的切割。

氧气切割具有生产效率高、成本低、设备简单等优点，它适于切割厚工件，以实现任意位置、任意形状的切割工作。气割被广泛应用于钢板下料、铸钢件切割、钢材表面清理、焊接坡口加工、混凝土切割、水下钢板切割等。

一、氧气切割的过程

1. 预热阶段

用气体火焰（通常是氧-乙炔火焰）将金属切割处预热至燃烧温度（即燃点），碳钢的燃点为 $1100\sim1150℃$。

2. 氧化燃烧阶段

向加热到燃点的被切割金属喷射切割氧气，使金属在纯氧中剧烈燃烧。

3. 排除熔渣阶段

金属燃烧后形成熔渣，并放出大量的热量，熔渣被高速氧气流吹走，产生的热量和预热火焰一起，又将下一层金属预热至燃点，这样的过程一直持续下去，直到将金属割穿为止。

移动割炬，即可得到各种形状的割缝。

从以上可以看出，气割是预热-燃烧-吹渣的过程。实质是金属在纯氧中的燃烧过程，而不是金属的熔化过程。气割的过程如图 6-1 所示。

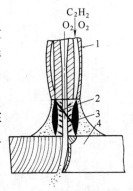

图 6-1　切割过程
示意图

1—割嘴；2—切割氧；
3—预热火焰；4—工件

二、氧气切割的条件

从上述气割的过程和原理可以看出，并不是所有的金属都可以用气割的方法进行切割，能进行切割的金属应具备以下条件。

① 金属材料的熔点要高于金属的燃点。被切割金属的熔点高于金属的燃点是氧气切割的基本条件，只有这样才能保证金属在固态下被切割，否则切割金属受热时，还未进行燃烧反应，就先熔化。此时，液态金属的流动性很大，熔化的金属边缘凹凸不平，难以获得平整的切口，呈现熔割状态。

② 金属燃烧形成熔渣的熔点要低于金属的熔点。如果割件金属熔渣熔点较高，则会在金属切口表面形成固态氧化物薄膜，很难被吹除，从而阻碍了切割氧气流与加热层金属接触，中断金属的燃烧过程。常用金属材料及其氧化物的熔点见表 6-1。

③ 金属氧化潜热大、导热慢。金属氧化潜热大、导热慢，这样切割时，生成热量多、

散失少，因而预热速度快、预热深度大，切割速度快、切割深度大。

表 6-1 常用金属材料及其氧化物的熔点/℃

金属名称	熔点		金属名称	熔点	
	金属	氧化物		金属	氧化物
纯铁	1535	1300～1500	黄铜、锡青铜	850～900	1236
低碳钢	约1500	1300～1500	铝	657	2050
高碳钢	1300～1400	1300～1500	锌	419	1800
铸铁	约1200	1300～1500	铬	1550	约1990
紫铜	1083	1236	镍	1450	约1900

④ 氧化物的黏度低、流动性好。金属氧化物黏度高，会粘在切口上很难吹走，影响切口边缘的整齐。

⑤ 阻碍切割过程进行和提高淬硬性的成分或杂质要少。

三、常用材料的气割

能够满足氧气切割条件的金属主要是纯铁、含碳量<0.7%的碳素钢以及绝大部分低合金钢。

高碳钢及含有淬硬元素的中合金钢和高合金钢，它们的燃点超过或接近金属的熔点，使气割性能降低，且易产生裂纹，切割困难。

铸铁也不能用氧气切割。由于铸铁的含碳量高，燃烧时产生的一氧化碳、二氧化碳混入切割氧气流，使切割氧纯度降低，影响氧化燃烧的效果；另外，铸铁在空气中的燃点比熔点高得多，同时产生高熔点、高黏度的二氧化硅，其熔渣流动性差，切割氧气流不能将其吹走。

不锈钢含有较高的铬和镍，易形成高熔点的氧化铬和氧化镍薄膜，遮盖了金属切缝表面，将阻碍切割氧与加热金属接触，因此无法采用氧气切割的方法进行切割。

铜、铝及其合金具有良好的导热性，而铝产生的氧化物熔点高，铜的氧化放出的热量少，它们均属于不能气割的金属材料。

目前，铸铁、不锈钢、铜、铝及其合金普遍采用等离子切割。

第二节 气割设备与工具

气割的设备包括氧气瓶、乙炔瓶、回火防止器等。使用的工具有割炬、减压器、专用橡胶管等。这些设备和工具的连接如图6-2所示。

一、氧气瓶

1. 氧气瓶的构造

氧气是气割的重要气体之一。氧气瓶是储存和运输氧气的高压容器。瓶内灌入压力为15MPa的氧气，还要承受搬运时的震动、滚动和撞击等作用力。氧气瓶的构造如图6-3所示。

瓶体采用42Mn2低合金钢锭经反复挤压、扩孔、拉伸、收口等工序制成的圆柱形容器。底部成凹面形状，保持直立时底部平稳；瓶体外部有两个防震圈；上部瓶口有内螺纹，用来安装瓶阀；瓶口外套有瓶箍，用来安装瓶帽、以保护瓶阀。

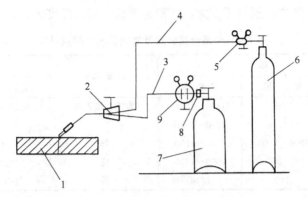

图 6-2 切割设备和工具示意图

1—割件；2—割炬；3—乙炔橡胶气管；4—氧气橡胶气管；5—氧气减压阀；

6—氧气瓶；7—乙炔瓶；8—回火保险器；9—乙炔减压阀

氧气瓶体和瓶帽的表面漆成天蓝色，用黑漆写明"氧气"字样，在瓶的上部用钢印标明；瓶号、工作压力和实验压力、下次试验日期、容量、重量、制造厂家、制造年月、检验员钢印等。我国生产的氧气瓶有 33L、40L、44L（在 15MPa 压力的体积）几种规格。普遍采用的是 40L，瓶体直径 219mm，高度 1137.0mm。

2.氧气瓶阀的结构及使用与维护

（1）氧气瓶阀的构造

氧气瓶阀是控制氧气瓶内氧气进出的阀门。目前国产氧气瓶阀分为活瓣式和隔膜式两种，主要采用活瓣式，结构如图 6-4 所示。

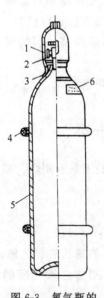

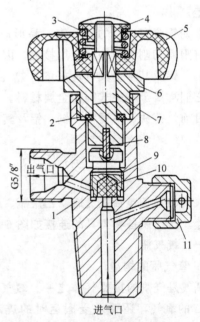

图 6-3 氧气瓶的
结构示意图

1—瓶帽；2—瓶阀；3—瓶箍；
4—防震圈；5—瓶体；6—标志

图 6-4 活瓣式氧气瓶阀

1—阀体；2—密封垫圈；3—弹簧；4—弹簧压帽；
5—手轮；6—压紧螺母；7—阀杆；8—开关板；
9—活门；10—气门；11—安全装置

活瓣式氧气瓶阀主要由阀体、密封垫圈、弹簧压帽、手轮、压紧螺母、阀杆、开关板、活门、气门和安全装置等构成，除手轮、弹簧、开关板、密封垫圈、活门外，其余用黄铜或青铜制成。阀体与氧气瓶口配合的一端为锥形管螺纹。阀体与减压器连接的出气口端为5/8寸管螺纹。阀体另一侧有安全装置，当瓶内压力达到18～22.5MPa时，安全阀内膜片自行爆破泄压，保证气瓶安全。

旋转手轮时，阀杆随之转动通过开关板使活门一起旋转，活门向上或向下移动，从而打开或关闭气阀。瓶阀活门开度为1.5～3mm。

（2）氧气瓶阀的使用与维护

① 压紧螺母周围漏气，是由于压紧螺母未压紧，用扳手拧紧即可。如果密封垫圈失效，更换垫圈。

② 气阀孔和压紧螺母中间孔周围漏气，是由于密封垫圈破裂和磨损，应更换垫圈或更换石棉盘根（注意石棉绳应绝对禁油）。

③ 气阀杆空转，排不出气。开关板断裂或方套孔或阀杆方棱磨损呈圆形，需更换修理。如因冻结不能出气，应用热水或蒸汽解冻，禁止明火烘烤。

3. 氧气瓶的使用

① 直立稳固放置，不可倾倒。

② 严防自燃和爆炸。高压氧气与油脂、淀粉、纤维等可燃有机物接触时易产生自燃，甚至引起爆炸和火灾。因此，应严禁氧气瓶阀、氧气瓶减压器、割炬、氧气皮管等沾上易燃物质和油脂。

③ 禁止敲击瓶帽。

④ 防止氧气瓶开启过快，以防止高压氧气流速过高而引起减压器燃烧或爆炸。

⑤ 防止氧气瓶阀连接螺母脱落。

⑥ 严防瓶温过高引起爆炸。夏季避免阳光曝晒，冬季远离热源。

⑦ 冬季冻结时，可用热水或蒸汽解冻，不可敲打、火烤。

⑧ 氧气使用不应全部用完，应留有余气0.1～0.3MPa，以便充氧时鉴别瓶内气体和吹除瓶阀灰尘，防止可燃气体、空气倒流入瓶内。

⑨ 氧气瓶运输时必须带上瓶帽。

二、溶解乙炔瓶

溶解乙炔瓶是用来储存乙炔的压力容器。

1. 溶解乙炔瓶的构造

溶解乙炔瓶的构造如图6-5所示。主要由瓶体、瓶阀、瓶帽及瓶内多孔填料组成。瓶内装着浸满丙酮的多孔性填料，使乙炔稳定而安全储存于乙炔瓶内。使用乙炔瓶时，打开瓶阀，溶解于丙酮内的乙炔便分离出来，通过瓶阀流出，丙酮仍留在瓶内。在瓶口中心的长孔内放置用于过滤用的不锈钢网及石棉，以帮助乙炔的分离。瓶体和瓶帽外表喷上白漆，并用红漆标注"乙炔"和"不可近火"的字样。乙炔瓶的压力为1.5MPa，设计压力为3MPa，瓶的上部记载瓶的容积、重量、制造年月、生产厂家等。

2. 乙炔瓶阀

乙炔瓶阀是控制瓶内乙炔进出的阀门，主要有阀体、阀杆、压紧螺母、活门、过滤件等组成，如图6-6所示。乙炔瓶阀体下端是锥形管螺纹，安装时旋入瓶体。

乙炔瓶阀的开启和关闭是利用方孔套筒扳手将阀杆上端的方形头旋转使活门向上或向下

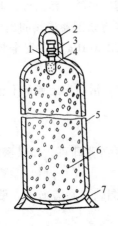

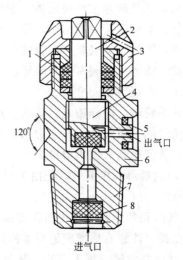

图 6-5　乙炔瓶的构造

1—瓶口；2—瓶帽；3—瓶阀；4—石棉；

5—瓶体；6—多孔填料；7—瓶座

图 6-6　乙炔瓶阀的构造

1—防漏垫圈；2—阀杆；3—压紧螺母；4—活门；

5—密封垫料；6—阀体；7—锥形尾；8—过滤件

移动实现的。活门向上移动则开启瓶阀，向下移动则关闭瓶阀。乙炔瓶阀的进气口有羊毛毡制成的过滤件和铁丝制成的滤网，起过滤乙炔气的作用。乙炔瓶的瓶体旁设有连接减压器的侧接头，必须使用带有夹环的乙炔专用减压器。

3．溶解乙炔瓶的使用

除须遵守氧气瓶的相关使用要求外，还应遵守下列各点。

① 溶解乙炔瓶不应遭受剧烈推动和撞击，避免乙炔瓶的爆炸事故。

② 使用时应直立放置，避免丙酮流出引起燃烧和爆炸。

③ 瓶表面温度不应超过 40℃，使瓶内乙炔压力急剧增高。

④ 乙炔减压器和瓶阀的连接必须可靠，严禁漏气状态使用。

⑤ 瓶内乙炔不能全部用完，当高压表读数为零，低压表读数为 0.01～0.03MPa 时，不可继续使用。防止空气进入瓶内，避免爆炸事故发生。

⑥ 乙炔使用压力不应超过 0.15MPa，输出流量不应超过 $1.5～2.5m^3/h$。

三、减压器

减压器是将瓶内的高压气体降低为低压气体，并保持输出气体的流量和压力稳定不变的调节装置。按结构不同分为单级式和双级式两类；按原理不同分为单级反作用式和双级混合式两类；按用途不同分为氧气减压器和乙炔减压器。常见减压器的型号及技术数据见表 6-2，其外形图如图 6-7 和图 6-8 所示。

四、割炬

割炬是气割的主要工具。割炬的主要作用是使氧气与乙炔按比例进行混合，形成预热火焰，并在预热火焰中心喷射切割氧，使被切割的金属在氧射流中燃烧，同时氧射流把生成的熔渣吹走而形成割缝。割炬按预热火焰中氧气和乙炔混合方式不同分为射吸式和等压式两种，其中以射

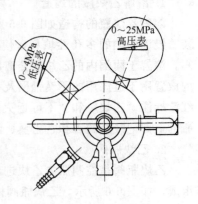

图 6-7　氧气减压器外形图

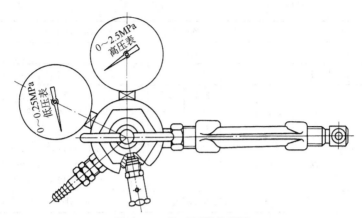

图 6-8 乙炔减压器外形图

表 6-2 常用减压器的型号及主要技术数据

减压器型号	QD-1	QD-2A	QD-3A	DJ6	SJ7-10	QD-20	QW2-16/0.6
名称	单级氧气减压器				双级氧气减压器	单级乙炔减压器	单级丙烷减压器
进气最高压力/MPa	15			15	15	2.0	1.6
最高工作压力/MPa	2.5	1.0	0.2	2.0	2.0	0.15	0.06
压力调节范围/MPa	0.1~2.5	0.1~1.0	0.01~0.2	0.1~2.0	0.1~2.0	0.01~0.15	0.02~0.06
最大放气能力/(m³/h)	80	40	10	180	—	9	—
出气口孔径/mm	6	5	3	—	5	4	—
压力表规格/MPa	0~25 0~4	0~25 0~1.6	0~25 0~0.4	0~25 0~4	0~25 0~4	0~2.5 0~0.25	0~0.16 0~2.5
安全阀泄气压力/MPa	2.9~3.9	1.15~1.6		2.2	2.2	0.18~0.24	0.07~0.12
进口连接螺纹	G5/8 G5/8	G5/8	G5/8	G5/8	G5/8	夹环连接	G5/8 左
质量/kg	4	2	2	2	3	2	2
外形尺寸/(mm × mm × mm)	200×200 ×210	165×170 ×160	165×170 ×160	170×200 ×142	220×170 ×220	170×185 ×315	165×190 ×160

吸式割炬应用最为普遍。割炬按用途又分为普通割炬、重型割炬及焊割两用炬等。普通割炬的型号及技术数据详见表 6-3。

表 6-3 普通割炬的型号及主要技术数据

割炬型号	G01-30			G01-100			G01-300				G02-100		
结构形式	射吸式										等压式		
割嘴号码	1	2	3	1	2	3	1	2	3	4	1	2	3
割嘴孔径/mm	0.6	0.8	1	1	1.3	1.6	1.8	2.2	2.6	3	1.0	1.3	1.6
切割厚度/mm	2~10	10~20	20~30	10~25	25~30	50~100	100~150	150~200	200~250	250~300	10~25	25~50	50~100
氧气压力/MPa	0.2	0.25	0.3	0.2	0.35	0.5	0.5	0.65	0.8	1.00	0.40	0.50	0.60
乙炔压力/MPa	0.001~0.10	0.001~0.10	0.001~0.10	0.001~0.10	0.001~0.10	0.001~0.10	0.001~0.10	0.001~0.10	0.001~0.10	0.001~0.10	0.05~0.10	0.05~0.10	0.05~0.10

续表

割炬型号	G01-30			G01-100			G01-300				G02-100		
结构形式	射吸式										等压式		
割嘴号码	1	2	3	1	2	3	1	2	3	4	1	2	3
氧气耗量/(m³/h)	0.8	1.4	2.2	2.2～2.7	3.5～4.2	5.5～7.3	9.0～10.8	11～14	14.5～18	19～26	2.2～2.7	3.5～4.3	5.5～7.3
乙炔耗量/(L/h)	210	240	310	350～400	400～500	500～610	680～780	800～1100	1150～1200	1250～1600	350～400	350～500	500～600
割嘴形状	环形			梅花形和环形			梅花形						

1. G01-30 型割炬的构造

G01-30 是常用的一种射吸式割炬，其中"G"表示割（Ge）的第一个字母；"0"表示手工；"1"表示射吸式；"30"表示最大切割厚度。它可切割 2～30mm 厚的低碳钢板。割炬配有三个割嘴，按不同厚度选用。

G01-30 型割炬的构造如图 6-9 所示。主要由主体、乙炔调节阀、预热氧调节阀、切割氧调节阀、喷嘴、射吸管、混合气管、切割氧气管、割嘴、手柄以及乙炔管接头和氧气管接头等部分组成。

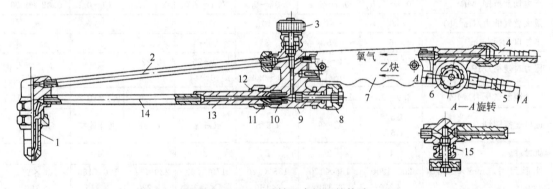

图 6-9　G01-30 型射吸式割炬的构造
1—割嘴；2—切割氧气管；3—切割氧调节阀；4—氧气管接头；5—乙炔管接头；6—乙炔调节阀；
7—手柄；8—预热氧调节阀；9—主体；10—氧气针阀；11—喷嘴；12—射吸管螺母；
13—射吸管；14—混合气管；15—乙炔针阀

割嘴结构与焊嘴有所不同，割嘴与焊嘴的截面比较如图 6-10 所示。焊嘴上混合气体喷孔是个小圆孔，气焊火焰将呈圆锥形。割嘴上的混合气体喷孔呈环形（组合式割嘴）或梅花形（整体式割嘴）气割火焰的外形呈环状分布。

2. 割炬的工作原理

气割时先稍微开启预热氧调节阀，再开乙炔调节阀并立即点火。然后加大预热氧流量，氧与乙炔混合后从割嘴混合气孔喷出，形成环形预热火焰，对工件进行预热。起割处金属预热至燃点时，立即开启切割氧调节阀，使金属在氧气流中燃烧，并且氧气流将割缝处的熔渣吹走，不断移动割炬，在工件上形成割缝。

其他形式割炬的工作原理与 G01-30 基本相同。

3. 割炬的安全使用和维修

① 选择合适的割嘴。按切割工件厚度选择合适的割嘴。装配时，必须使内嘴和外嘴保持同心，注意拧紧割嘴螺母。

② 检查射吸情况。检查割炬射吸情况正常后再把乙炔皮管接上，以不漏气并易插拔为准。

③ 火焰熄灭的处理：点火后，当调节预热氧调节阀调整火焰时，若火焰立即熄灭，其原因是各气体通道内有赃物或吸射管喇叭口接触不严，以及内外嘴配合不当，应对症处理。

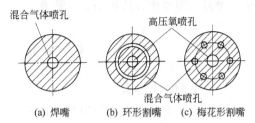

图 6-10　焊嘴及割嘴截面形状

④ 工作时如发生回火，应立即关闭乙炔调节阀，然后关闭切割氧和预热氧调节阀。

⑤ 停止工作时，先关切割氧阀门，再关乙炔和预热氧阀门。

五、回火防止器

在气焊和气割过程中发生的气体火焰进入喷嘴内燃烧的现象，通常称为回火。若逆向燃烧的火焰进入乙炔发生器内，将会发生燃烧爆炸事故。因此，必须防止回火的发生，在导管与乙炔瓶之间安装回火防止器。

常用的回火防止器按通过的乙炔压力不同分为低压式（0.01MPa 以下）和中压式（0.01～0.15MPa）；按作用原理不同分为水封式和干式两种；按结构不同分为开启式和闭合式两种；按装置部位不同分为集中式和岗位式。

六、胶管及其他辅助工具

1. 胶管

胶管可分为氧气胶管和乙炔胶管，二者不得相互代用。氧气胶管的工作压力为 1.5MPa，实验压力为 0.3MPa，爆破压力不低于 6MPa；乙炔胶管的工作压力为 0.3MPa。按照 GB 9448—88 规定，氧气胶管为黑色，乙炔胶管为红色。氧气胶管的内径为 8mm，乙炔胶管内径为 10mm。

胶管的使用要求如下：

① 气割（焊）胶管是专用胶管，不准充入其他介质，两根胶管不得相互代用；

② 胶管两端要牢固固定，应该用喉箍或铁丝卡紧，预防被高压气体打开伤人；

③ 胶管出现断裂，要视胶管新旧来处理，属于老化须更新，属于外损伤要重新接好，乙炔胶管接头不得采用铜质材料；

④ 胶管长度一般以 10～15m 为宜，过长会增加气体流动阻力；

⑤ 胶管在使用中避免接触油脂，避免与尖锐的金属物摩擦或受重压；

⑥ 胶管使用前要清除管内滑石粉；

⑦ 工作中如胶管燃烧，要看清是那根胶管失火，并立即折叠胶管断其气路，关闭气瓶阀门进行修理。

2. 管接头

胶管接头是用来连接胶管与减压器、割炬、胶管与胶管等之间的连接接头。为保持接头的气密性，接头连接嘴上车有数条凹槽，以保证胶管可以用管卡或铁丝扎牢在连接嘴上而不脱落。

为了区别氧气接头和乙炔接头，乙炔胶管接头的螺母表面上刻有 1～2 条槽。

3. 其他辅助工具、用品

除了以上工具外，还有点火枪（火柴也可）、护目镜、扳手、通针、钢丝刷、錾子、锤子、锉刀、刻丝钳、活扳手、卡子等。

第三节　气割工艺

一、气割工艺参数

气割工艺参数是保证切口质量的主要技术依据。气割的主要工艺参数包括切割氧的压力、预热火焰的能率、气割速度、割嘴与工件的倾斜角度、割嘴与工件表面的距离等。

1. 切割氧的压力

切割氧的压力与工件厚度、割嘴号码以及氧气纯度等因素有关。割件越厚，所须氧气压力越高，适当提高切割氧的压力，可以提高切割质量和切割速度；当割件较薄时，可以适当降低切割氧的压力。切割氧的压力应适当，如果氧压过高，切割缝过宽，切割速度降低，浪费氧气，同时还会使切口表面粗糙，对割件产生强烈的冷却作用；若氧气压力过低，使得切割过程中的氧化反应缓慢，切割产生的氧化反应熔渣吹不掉，割缝背面形成难于清除的熔渣粘结物，甚至使割缝割不透。

氧气的纯度对切割质量、切割速度以及耗氧量有很大影响。纯度越高，割缝质量好、速度快、耗氧量少；反之，则割缝质量下降、速度慢、耗氧量增加。

2. 预热火焰的性质与能率

气割时，预热火焰应采用中性焰或轻微的氧化焰，而不能采用碳化焰，碳化焰会使割缝表面增碳，从而使切割缝发生淬硬现象及其他后果。因此，在切割过程中，应注意随时调整预热火焰，防止火焰性质发生变化。

预热火焰能率的大小与工件的厚度有关，工件越厚，火焰能率应越大，但切割时应注意避免能率过大或过小情况的发生。气割厚钢板时，由于切割速度较慢，为防止割缝上缘熔化，应采用相对较弱的火焰能率，火焰能率过大，会使割缝上缘产生连续球状钢粒，甚至熔成圆角，同时割缝背面粘附熔渣增多，影响气割质量。如在气割薄钢板时，因气割速度快，可相对增大火焰的能率，但割嘴应离工件远些。并保持一定的倾斜角度；若此时火焰能率较小，工件得不到足够热量，会使气割速度慢，甚至使气割过程中断。

3. 切割速度

切割速度主要由工件厚度、割嘴大小来决定，工件越厚，切割速度越慢；反之切割速度越快。

气割速度是否适当，主要由割缝的后拖量来判断。所谓后拖量是指在氧气切割的过程中，在切割面上的切割氧气流轨迹的始点与终点的水平面上之距离，如图6-11所示。

气割时，由于各种原因，后拖量的现象是不可避免的，尤其气割厚板时更为显著。因此应选择合适的切割速度，使后拖量控制在合适的范围内，以保证割缝质量和降低气体消耗量。

4. 割嘴与工件间的倾角

割嘴与工件间倾角大小主要由工件的厚度来确定。一般气割4mm以下薄板时，割嘴应后倾25°～45°；切割4～20mm钢板时，割嘴应后倾20°～30°；切割20～30mm厚钢板时，割嘴应垂直于钢板，切割大于30mm钢板时，开始气割时应将割嘴前倾20°～35°，割穿后再将割嘴垂直于钢板表面进行正常切割，快切完时，割嘴逐渐向后倾斜20°～30°，割嘴与工件间的倾角如图6-12所示。

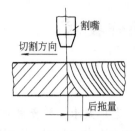

图 6-11　气割时的后拖量

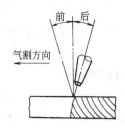

图 6-12　割嘴与工件间的倾角示意图

割嘴与工件间倾角对气割速度和后拖量产生直接影响，如果选用不当，不但不能提高气割速度，还会增加氧气的消耗量，甚至造成气割困难。

5. 割嘴离工件表面的距离

通常火焰焰心离工件表面的距离为 3～5mm，这样加热条件最好，渗碳的可能也小，如果焰心触及工件表面，不仅会引起割缝上缘熔化，还会使割缝渗碳的可能性增加。

一般地，切割薄板时，由于切割速度较快，火焰可长些，割嘴离工件表面的距离可大些；切厚板时，切割速度相对较慢，预热火焰短些，割嘴离工件表面近些，这样可保证切割氧流的挺直度和氧气的纯度，提高切割质量。

二、气割顺序的确定

正确的气割顺序应以尽量减少气割件的变形、维护操作者的安全、气割时操作方便等原则来考虑。

① 在同一割件上既有直线又有曲线时，则先割直线后割曲线。

② 同一割件上既有边缘切割线还有内部切割线时，则先割边缘后割中间。

③ 由割线围成的图形中既有大块，又有小块和孔时，应先割小块，后割大块，最后割孔。

④ 同一割件上有垂直形割缝时，应先割底边，后割垂直边。

⑤ 同一割件上有直缝，且在直缝上又需开槽时，则先割直缝，后割槽。

⑥ 割圆弧时，先定好圆中心，割时应保持圆心不动。

⑦ 割件断开的位置最后切割，此时操作者要小心，注意安全。

三、常见气割缺陷及防止办法

1. 割口过宽且表面粗糙

这类缺陷是由于气割氧气压力过大而致。而切割氧气压力过低时，又会造成熔渣吹不掉，切口的熔渣粘在一起不宜去除。因此应将切割氧气的压力调整适宜。

2. 割口表面不齐或棱角熔化

产生的原因是预热火焰过强，或切割速度过慢；火焰能率过小时，切割过程容易中断且切口表面不整齐，所以，为保证切口规则，预热火焰能率大小要适宜。

3. 割口后拖量大

切割速度过快致使后拖量过大，不易切透，严重时会使熔渣向上飞，发生回火。切割时，可根据熔渣流动情况进行判断，采用较为合理的切割速度，从而消除过大的后拖量。

4. 工件变形

平板形工件气割后经常发生在板平面内的弯曲变形以及扭曲变形。通过合理安排切割顺序以及较长割缝采用间断切割的方法可以有效地控制弯曲变形。合理选取气割工艺参数，合理的预热能率和气割速度可有效控制扭曲变形。

第四节　手工气割的操作技术

一、气割前的准备

1. 工作场地、设备及工具检查

气割前要认真检查工作场地是否符合安全生产和气割工艺的要求，检查整个气割系统的设备和工具是否正常，检查乙炔瓶、回火防止器工作状态是否正常。使用射吸式割炬时，应将乙炔胶管拔下，检查割炬是否有射吸力，若无射吸力，不得使用。将气割设备连接好，开启乙炔瓶阀和氧气瓶阀，调节减压器，将乙炔和氧气压力调至需要的压力。

2. 工件的准备及其放置

去除工件表面污垢、油漆、氧化皮等。工件应垫平、垫高，距离地面一定高度，有利于熔渣吹除。工件下的地面应为非水泥地面，以防水泥爆溅伤人、烧毁地面，否则应在水泥地面上遮盖石棉板等。

3. 确定气割工艺参数

根据工件的厚度正确选择气割工艺参数、割炬和割嘴规格，割炬和割嘴的选用参照表6-3。准备好后，开始点火并调整好火焰性质（中性焰）及火焰长度。然后试开切割氧调节阀，观察切割氧气流（风线）的形状。切割氧气流应是挺直而清晰的圆柱体，并要有适当的长度，这样才能使切口表面光滑干净、宽窄一致。如风线形状不规则，应关闭所有的阀门，用通针修理割嘴内表面，使之光洁。

二、气割操作技术

1. 操作姿势

气割时，先点燃割炬，调整好预热火焰，然后进行气割。气割操作姿势因个人习惯而不同。初学者可按基本的"抱切法"练习，如图6-13所示。手势如图6-14所示。

图 6-13　抱切法姿势

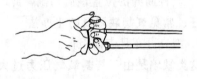

图 6-14　气割时的手势

操作时，双脚呈八字形蹲在工件一侧右臂靠住右膝，左臂空在两脚之间，以便在切割时移动方便，右手把住割炬手把，并以大拇指和食指把住预热调节阀，以便于调整预热火焰和当回火时及时切断预热氧气。左手的拇指和食指把住开关切割氧调节阀，其余三指平稳托住射吸管，掌握方向。上身不要弯得太低，呼吸要有节奏，眼睛应注视割件和割嘴，并着重注视割口前面割线。一般从右向左切割。整个气割过程中，割炬运行要均匀，割炬与工件间的距离保持不变。每割一段移动身体时要暂时关闭切割氧调节阀。

2. 气割操作

（1）点火

点燃火焰时，应先稍许开启氧气调节阀，再开乙炔调节阀，两种气体在割炬内混合后，从割嘴喷出，此时将割嘴靠近火源即可点燃。点燃时，拿火源的手不要对准割嘴，也不要将割嘴指向他人或可燃物，以防发生事故。刚开始点火时，可能出现连续的放炮声，原因是乙炔不纯，应放出不纯的乙炔，重新点火。如果氧气开的太大，会导致点不着火的现象，这时可将氧气阀关小即可。火焰点燃后，调节火焰性质和预热火焰能率，与气割的要求相一致。

（2）起割

开始气割时，首先用预热火焰在工件边缘预热，待呈亮红色时（既达到燃烧温度），慢慢开启切割氧气调节阀。若看到铁水被氧气流吹掉时，再加大切割氧气流，待听到工件下面发出"噗、噗"的声音时，则说明已被割透。这时应按工件的厚度，灵活掌握气割速度，沿着割线向前切割。

（3）气割过程

气割时火焰焰心离开割件表面的距离为 3～5mm，割嘴与割件的距离，在整个气割过程中保持均匀。手工气割时，可将割嘴沿气割方向后倾 20°～30°，以提高气割速度。气割质量与气割速度有很大关系。气割速度是否正常，可以从熔渣的流动方向来判断，熔渣的流动方向基本上与割件表面垂直。当切割速度过快时，熔渣将成一定角度流出，既产生较大后拖量。当气割较长的直线或曲线割缝时，一般切割 300～500mm 后需移动操作位置。此时应先关闭切割氧调节阀，将割炬火焰离开割件后再移动身体位置。继续气割时，割嘴一定要对准割缝的切割处，并预热到燃点，再缓慢开启切割氧。切割薄板时，可先开启切割氧，然后将割炬的火焰对准切割处继续气割。

（4）停割

气割要结束时，割嘴应向气割方向后倾一定角度，使钢板下部提前割开，并注意余料的下落位置，这样，可使收尾的割缝平整。气割结束后，应迅速关闭切割氧调节阀，并将割炬抬高，再关闭乙炔调节阀，最后关闭预热氧调节阀。

（5）回火处理

在气割时，若发现鸣爆及回火时，应迅速关闭乙炔调节阀和切割氧调节阀，以防氧气倒流入乙炔管内并使回火熄灭。

三、气割安全注意事项

① 每个氧气减压器和乙炔减压器上只允许接一把焊炬或一把割炬。

② 必须分清氧气胶管和乙炔胶管，GB 9448—88 中规定，氧气胶管为黑色，乙炔胶管为红色。新胶管使用前应将管内杂质和灰尘吹尽，以免堵塞割嘴，影响气流流通。

③ 氧气管和乙炔管如果横跨通道和轨道，应从它们下面穿过（必要时加保护套管）或吊在空中。

④ 氧气瓶集中存放的地方，10m 之内不允许有明火，更不得有弧焊电缆从瓶下通过。

⑤ 气割操作前应检查气路是否有漏气现象。检查割嘴有无堵塞现象，必要时用通针修理割嘴。

⑥ 气割工必须穿戴规定的工作服、手套和护目镜。

⑦ 点火时可先开适量乙炔，后开少量氧气，避免产生丝状黑烟，点火严禁用烟蒂，避免烧伤手。

⑧ 气割储存过油类等介质的旧容器时，注意打开人孔盖，保持通风。在气割前做必要的清理处理，如清洗、空气吹干，化验缸内气体是否处于爆炸极限之内，同时做好防火、防

爆以及救护工作。

⑨ 在容器内作业时，严防气路漏气，暂时停止工作时，应将割炬置于容器外，防止漏气发生爆炸、火灾等事故。

⑩ 气割过程中，发生回火时，应先关闭乙炔阀，再关闭氧气阀。因为氧气压力较高，回火到氧气管内的现象极少发生，绝大多数回火倒袭是向乙炔管方向蔓延。只有先关闭乙炔阀，切断可燃气源，再关闭氧气阀，回火才会很快熄灭。

⑪ 气割结束后，应将氧气瓶和乙炔瓶阀关紧，再将调压器调节螺钉拧松。冬季工作后应注意将回火防止器内的水放掉。

⑫ 工作时，氧气瓶、乙炔瓶间距应在 3m 以上。

⑬ 气割时，注意垫平、垫稳钢板等，避免工件割下时钢板突然倾斜，伤人以及碰坏割嘴。

实训课题十八 钢板沿直线割口的气割

1. 实训图样（图 6-15）

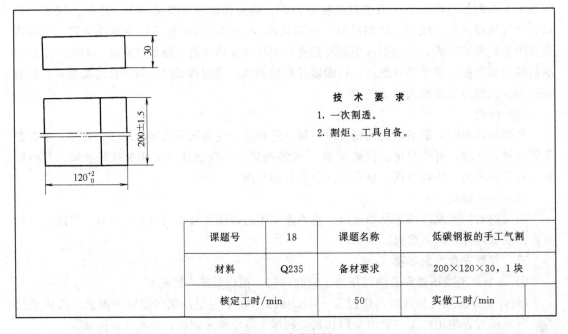

图 6-15 实训图样

2. 实训要求

（1）考核内容

① 切割尺寸精度板长（200 ± 1.5）mm，板宽 120_0^{+2} mm。

② 对切口表面的要求，切割平面度≤1.5mm，割纹深度≤0.5mm。

③ 割纹均匀，后拖量要小。

（2）工时定额

工时定额为 50min。

（3）安全文明生产

① 能正确执行安全技术规程。

② 能按安全文明生产的有关规定，做到工作场地清洁，割件、工具摆放整齐。

3．操作准备

① 工作场地准备。

② 设备、工具准备及其检查；设备工具安装、连接。

③ 清除工件表面氧化物、污垢。

④ 号料、放样。

⑤ 选择割炬及割嘴：建议选择 G01-100，2 号割嘴。

4．操作要领

① 选择适当的预热火焰能率及气割速度。

② 切割氧气流的长度要超过板厚的 1/3。

③ 预热火焰芯到割件表面的距离保持 2～4mm。

④ 割炬要后倾 25°～30°。

5．注意事项

① 动手气割前，应先熟悉气割工具的使用、气割参数的正确选择以及气割工艺要点。

② 钢板放置时，注意要放平放稳；钢板下如果是水泥地面，则应在钢板下垫薄铁板或石棉板，以防烧坏水泥地面。

③ 戴好护目镜及其他防护工具。

④ 画线时，应注意留有切割余量及加工余量。

6．评分标准

评分标准如表 6-4 所示。

表 6-4　评分标准

序号	检测项目	配分	技术标准	实测情况	得分	备注
1	切割面的平面度	10	切割面平面度≤1.5mm，超差扣10分			
2	割纹深度	10	割纹深度≤0.5mm，超差一处扣5分			
3	外形尺寸	20	长 120±1.5mm，宽 120_0^{+2}mm，超上偏差扣10分，超下偏差扣20分			
4	垂直度	10	垂直度≤2mm，超差扣10分			
5	塌边宽度	10	塌边宽度≤2mm，超差一处扣5分			
6	挂渣	5	挂渣难以消除扣5分			
7	割炬型号	5	割炬型号不正确扣5分			
8	割嘴号码	5	割嘴号码不正确扣5分			
9	安全生产	7	劳动保护用品不齐全扣4分，设备、工具使用不正确扣3分			
10	文明生产	3	工作场地整洁，摆放整齐不扣分，稍差扣1分，很差扣3分			
11	工时定额		额定工时：50min。超时 5%～20%扣 2～10分			
总　　分		100	实训成绩			

实训课题十九　管子的气割

1. 实训图样（图 6-16）

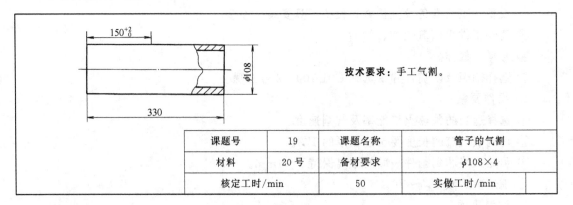

课题号	19	课题名称	管子的气割
材料	20 号	备材要求	$\phi 108 \times 4$
核定工时/min		50	实做工时/min	

图 6-16　实训图样

接管的下料。材料：20 号无缝管，规格 $\phi 108 \times 4$mm；接管长度 150mm。

2. 实训要求

（1）考核要求

① 切割尺寸精度 150_0^{+2}mm。

② 切割面的表面要求：割纹深度≤0.5mm。

（2）工时定额

工时定额为 50min。

（3）安全文明生产

① 能正确执行安全技术操作规程。

② 能按安全文明生产的有关规定，做到工作场地清洁，割件、工具摆放整齐。

3. 操作准备

① 工作场地准备。

② 设备、工具准备及其检查；设备工具安装、连接；号料、划线。

③ 准备 20 号无缝钢管若干米，清除工件表面氧化物、污垢。

④ 选择割炬及割嘴；建议选择 G01-30 割炬，1 号割嘴。

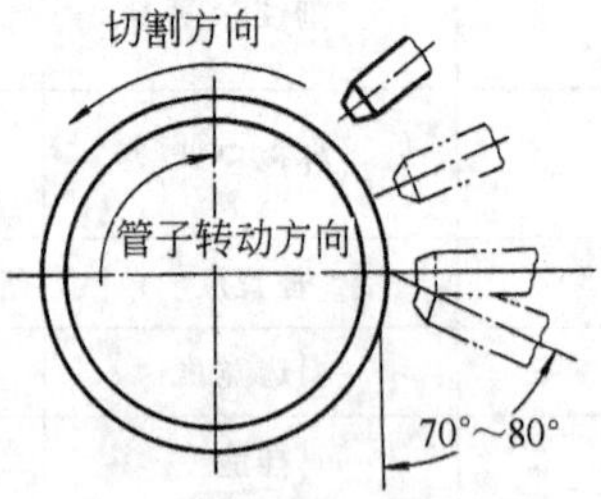

4. 操作要领

① 首先用预热火焰加热钢管的侧表面，加热时，割嘴应垂直于钢管的表面，如图 6-17 所示。

② 预热，割透管壁后，割嘴应立即向上倾斜到与起割点成 70°～80°角的位置，继续向前切割。

③ 气割每割一段时，割嘴在随割缝向前移动的同时应不断改变其位置。

图 6-17　可转动管子气割操作示意图

5. 注意事项

① 划线时，所划切割线（圆）的平面应和管子的轴线垂直，切割后割切面应和管子的轴线有足够的垂直度。

② 割旧钢管时，应注意管内是否残留有易燃、易爆介质，如有应清理干净后再行气割。

③ 切割应采用中性焰。

6．评分标准

评分标准如表6-5所示。

表 6-5　评分标准

序号	检测项目	配分	技 术 标 准	实测情况	得分	备注
1	割纹深度	20	割纹深度≤0.5mm，超差一处扣5分			
2	尺　寸	30	长 150_0^{+2}mm，超上偏差扣15分，超下偏差扣30分			
3	塌边宽度	20	塌边宽度≤1mm，超差一处扣5分			
4	挂　渣	10	挂渣难以消除扣10分			
5	割炬型号	5	型号不正确扣5分			
6	割嘴号码	5	号码不正确扣5分			
7	安全技术操作规程	7	劳动保护用品不齐全扣4分，设备、工具使用不正确扣3分			
8	文明生产规定	3	工作场地整洁，摆放整齐不扣分，稍差扣1分，很差扣3分			
9	工时定额		额定工时：50min。超时5%～20%扣2～10分			
总　　分		100	实 训 成 绩			

实训课题二十　法兰的气割

1．实训图样（图6-18）

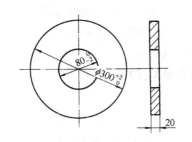

技 术 要 求

1．起割开孔采用手工，气割时不得使用割规。

2．割后法兰能够自动脱落。

3．割炬、工具自备。

课题号	20	课题名称	法兰的气割
材料	Q235-A	备材要求	
核定工时/min		40	实做工时/min	

图 6-18　实训图样

2．训练要求

（1）考核内容

① 切口表面要求：切割平面度≤0.6mm，割纹深度≤0.5mm。

② 切割尺寸精度：外圆直径（$\phi 300^{+2}_0$）mm，内圆直径（$\phi 80^0_{-2}$）mm。

③ 切口边缘应与表面垂直，割纹均匀，后拖量要小。

（2）工时定额

工时定额为40min。

（3）安全文明生产

① 能正确执行安全技术操作规程。

② 能按安全文明生产的有关规定，做到工作场地清洁，割件、工具摆放整齐。

3．操作准备

① 工作场地准备。

② 设备、工具准备及其检查；设备工具安装、连接。

③ 清除工件表面氧化物、污垢。

④ 号料、放样。

⑤ 选择割炬及割嘴：建议选择 G01-100，1 号割嘴。

4．操作要领

① 采用手工切割而不采用割规时，可先割内圆再割外圆。

② 气割内圆时，应先在内圆割线以内开气割孔，割穿后将割缝引向内圆割线开始切割。气割外圆时，先在钢板边缘点火，然后将割嘴慢慢移向法兰。

③ 切割时，火焰能率调大一些或者采用微氧化焰，加快切割速度。割嘴后倾 20°左右，以便吹走熔渣。开始气割时，切割氧不要开的太大，边切割边增加切割氧的压力，随着割炬的移动，逐渐将割嘴角度转为垂直于钢板，将工件烧穿。

5．注意事项

① 动手气割前，应先熟悉气割工具的使用、气割参数的正确选择以及气割工艺要点。

② 放置钢板时，注意要放平、垫稳，法兰的下放应垫空；钢板下如果是水泥地面，则应在钢板下垫薄铁板或石棉板，以防烧坏水泥地面。

③ 戴好护目镜及其他防护工具。

④ 画线时，应注意留有切割余量及加工余量。

6．评分标准

评分标准如表 6-6 所示。

表 6-6　评分标准

序 号	检测项目	配 分	技 术 标 准	实测情况	得 分	备 注
1	割纹深度	15	割纹深度≤1mm，超差一处扣 5 分			
2	外圆尺寸测量	20	直径 $\phi 300^0_{-2}$mm，外圆尺寸超上偏差扣 10 分，超下偏差扣 20 分			
3	内孔尺寸测量	20	直径 $\phi 80^{+2}_0$mm，外圆尺寸超上偏差扣 20 分，超下偏差扣 10 分			
4	塌边宽度	15	塌边宽度≤1.5mm，超差一处扣 5 分			
5	挂　渣	10	挂渣难以消除扣 10 分			
6	割炬型号	5	型号不正确扣 5 分			

续表

序　号	检测项目	配　分	技术标准	实测情况	得　分	备　注
7	割嘴号码	5	号码不正确扣5分			
8	安全技术 操作规程	7	劳动保护用品不齐全扣4分，设备、工具使用不正确扣3分			
9	文明生产规定	3	工作场地整洁，摆放整齐不扣分，稍差扣1分，很差扣3分			
10	工时定额		额定工时：40min。超时5%～20%扣2～10分			
总　　分		100	实训成绩			

实训课题二十一　焊件坡口的气割

1. 实训图样

实训图样如图6-19所示。

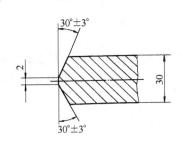

技　术　要　求

1. 采用手工气割。
2. 双面坡口，坡口角度及钝边符合图示要求。
3. 割炬、割嘴自选，工具自备。

课题号	21	课题名称	焊件坡口气割
材料	Q235-A	备材要求	长600mm，厚30mm
核定工时/min		40	实做工时/min

图6-19　实训图样

2. 训练要求

(1) 考核内容

① 坡口角度30°±3°。

② 钝边（2±1）mm。

③ 切割平面度≤0.5mm。

④ 割纹深度≤0.6mm。

(2) 工时定额

工时定额为40min。

（3）安全文明生产。

① 能正确执行安全技术规程。

② 能按安全文明生产的有关规定，做到工作场地清洁，割件、工具摆放整齐。

3．准备工作

① 选用 G01-100 割炬，2 号割嘴。

② 将钢板放平、垫稳。

③ 用预热火焰吹除钢板表面的氧化皮。

④ 气割采用中性火焰。

4．操作要领

① 先按直线切割直口。预热火焰应较大，割嘴与工件垂直，切割速度保持均匀。

② 将割嘴按坡口角度找好，以往后拖或往前推的操作方法，进行 V 形坡口的切割。

③ 在 V 形坡口的基础上，继续反面 V 形坡口的切割，即成 X 形坡口。

④ 为了得到宽窄一致、角度相等的切割坡口，可将割嘴靠放在扣着放置的角钢上进行切割。如将割嘴放置在角度可调的轮架上工作，更能保证切割质量。

⑤ 清理熔渣。

5．注意事项

① 动手气割前，应先熟悉气割工具的使用、气割参数的正确选择以及气割工艺要点。

② 钢板放置时，注意要放平放稳；钢板下如果是水泥地面，则应在钢板下垫薄铁板或石棉板，以防烧坏水泥地面。

③ 戴好护目镜及其他防护工具。

6．评分标准（略）

实训课题二十二　薄钢板的气割

1．实训题目

厚度 4mm 以下的薄钢板的直线割口的气割。

2．训练要求

（1）考核要求

① 割纹深度≤0.5mm。

② 塌边宽度≤1mm。

（2）额定工时

额定工时为 60min。

（3）安全文明生产

① 能正确执行安全技术操作规程。

② 能按安全文明生产的有关规定，做到工作场地清洁，割件、工具摆放整齐。

3．准备工作

① 工作场地的准备。

② 设备工具准备及其检查。

③ 清除工件表面氧化皮和污垢。

④ 号料、放样。

⑤ 选择割炬、割嘴：建议割炬选用 G01-30，1 号割嘴。

4．操作要领

由于钢板较薄，受热快、散热慢。当气割速度慢而预热火焰能率高时，钢板变形大，而且板的正面棱角易被熔化，形成前面割开后面又熔合的现象，氧化铁不易吹走，冷却后熔渣粘在背面不易铲除。操作时技术要领为：

① 预热能率要小；

② 气割时割炬应后倾，后倾与钢板成 25°～45°角；

③ 割嘴与工件表面距离保持 10～15mm；

④ 气割速度应尽可能快。

5．注意事项

① 由于钢板较薄，切割者最好不要蹲在薄钢板之上，以避免产生过大变形，影响切割质量。如工件较大，不得不蹲在薄板之上时，可在薄板下垫一块厚板，但所垫厚板应避开切割缝。

② 薄板切割速度较快，操作者注意力要更为集中，呼吸要均匀，把割炬的手要稳，切割移动速度要均匀。

③ 采用加热法除锈时，注意加热温度不要过大，加热时间不要过长以免引起热变形。

6．评分标准（略）

第七章 碳弧气刨

第一节 碳弧气刨概述

一、工作原理

碳弧气刨是利用石墨棒或碳棒与工件间产生的电弧将金属熔化，并用压缩空气将其吹掉，实现在金属表面上加工沟槽的方法。如图7-1所示。

二、应用范围

① 主要用于双面焊时，清除背面焊根。

② 清除焊缝中的缺陷。

③ 自动碳弧气刨用来为较长的焊缝和环焊缝加工坡口；手工碳弧气刨用来为单件、不规则的焊缝加工坡口。

④ 清除铸件的毛边、飞刺、浇冒口和铸件中的缺陷。

⑤ 切割高合金钢、铝、铜及其合金等。

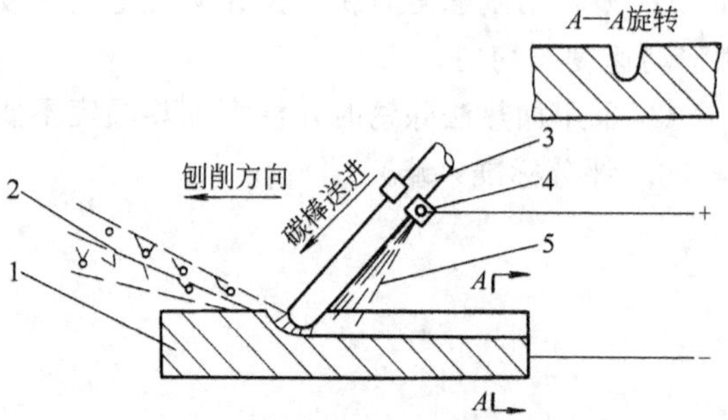

三、特点

① 手工碳弧气刨的灵活性很大，可进行全位置操作。

图 7-1　碳弧气刨示意图

1—工件；2—刨渣；3—碳棒（电极）；
4—夹钳；5—气流

② 在清除焊缝或铸件的缺陷时，在电弧下可清楚地观察到缺陷的形状和深度，这是用风铲或砂轮时无法比拟的。

③ 与用风铲或用砂轮相比，噪声小、效率高。自动碳弧气刨具有较高的加工精度，同时可减轻劳动强度。

④ 对于受限制的位置或可达性差的部位，碳弧气刨优于风铲或砂轮。

⑤ 碳弧气刨的缺点是：碳弧有烟雾、粉尘污染及弧光辐射，对于手工碳弧气刨的操作技术要求较高。

第二节 碳弧气刨设备

碳弧气刨所采用的设备，主要包括有电源、气刨枪、碳棒、电缆、气管和压缩空气源等，如图7-2所示。

一、电源

碳弧气刨应采用具有下降特性的直流弧焊电源。由于碳弧气刨所使用的电流较大，且连续工作时间长，故应选用功率较大的电源。例如ZXG-500、ZXG-630等整流电源，切勿超载运行。当一台弧焊电源功率不够时，可将两台弧焊电源并联使用，但必须保证两台并联弧

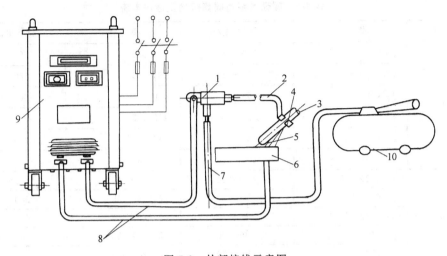

图 7-2　外部接线示意图

1—接头；2—电风合一软管；3—碳棒；4—刨枪钳口；5—压缩空气气流；

6—工件；7—进气胶管；8—电缆线；9—弧焊整流器；10—空气压缩机

焊电源性能相一致。

二、气刨枪

气刨枪同时要能完成夹持碳棒、传导电流、输送压缩空气的工作。因此要求碳弧气刨枪具有夹持牢固、导电良好、更换方便、安全轻便的特点。气刨枪有侧面送风式、圆周送风式两种形式，如图 7-3 所示。

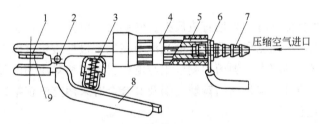

图 7-3　侧面送风式碳弧气刨枪构造示意图

1—碳棒；2—小轴；3—弹簧；4—手柄；5—通风道；

6—导线接头；7—空气管；8—活动钳口手柄；9—侧面送风孔

三、碳棒

碳棒即电极，用于传导电流和引燃电弧。常用的是镀铜实心碳棒，镀铜的目的是更好地传导电流。圆碳棒用于焊缝背面挑焊根；扁碳棒用于刨宽槽、开坡口、刨焊瘤或切割大量金属的场合。

刨削电流对刨槽的尺寸影响很大。电流大，则槽宽增加，槽深也增加。增大刨削电流，还可以提高刨削速度，获得较光滑的刨槽，因此一般采用较大的电流。碳棒的直径，可根据工件的厚度来选择。

碳弧气刨用碳棒规格及使用电流见表 7-1。

四、附属设备

刨削过程中需要利用压缩空气的吹力将熔化金属吹掉。压缩空气可由空压站提供，也可

表 7-1　碳弧气刨用碳棒规格及适用电流

断面形状	规　格	适用电流/A	规　格	适用电流/A
圆　形	$\phi3\times355$	150~180	$\phi8\times355$	250~400
	$\phi3.5\times355$	150~180	$\phi9\times355$	350~500
	$\phi4\times355$	150~200	$\phi10\times355$	400~550
	$\phi5\times355$	150~250	$\phi12\times355$	—
	$\phi6\times355$	180~300	$\phi14\times355$	—
	$\phi7\times355$	200~350	$\phi16\times355$	—
扁　形	$\phi3\times12\times355$	200~300	$\phi5\times15\times355$	400~500
	$\phi4\times8\times355$	—	$\phi5\times18\times355$	500~600
	$\phi4\times12\times355$	—	$\phi5\times20\times355$	450~550
	$\phi5\times10\times355$	300~400	$\phi5\times25\times355$	550~600
	$\phi5\times12\times355$	350~450	$\phi6\times20\times355$	—

利用小型空压机来供气。要求空气压力在 0.5~1MPa 范围内。

第三节　碳弧气刨工艺

一、工艺参数及其影响

碳弧气刨的工艺参数有：电源极性、碳棒直径、气刨电流、气刨速度和压缩空气压力等。

1. 电源极性

碳弧气刨碳钢和合金钢时，采用直流反接。气刨时，电弧稳定，刨削速度均匀，电弧发出连续的刷刷声，刨槽两侧宽窄一致，表面光滑明亮。若极性接错（即正接）了，则电弧发生抖动，并发出断续的嘟嘟声，刨槽两侧呈现与电弧抖动声相对应的圆弧状。如果发生此种现象，将极性倒过来即可。碳弧气刨铸铁、铜及其合金时采用直流正接。

2. 碳棒直径与电流

碳棒直径是根据被刨削金属的厚度来选择的，见表 7-2。从表中可以看出，被刨削金属板的厚度增加，碳棒直径增大。因为厚度增大，散热越快。为了加快金属的熔化和提高刨削速度，因而电流也相应地增大。为此对不同直径和形状的碳棒选用电流时可根据下列经验公式选取电流

$$I = (30 \sim 50)d$$

式中　I ——刨削电流，A；

　　　d ——碳棒直径，mm。

碳棒直径还与刨槽宽度有关，刨槽越宽，碳棒直径越大。一般碳棒直径应比刨槽的宽度小 2~4mm 左右。

表 7-2　钢板厚度与碳棒直径的关系

钢板厚度/mm	碳棒直径/nm	钢板厚度/mm	碳棒直径/mm
3	一般不刨	8~12	6~8
4~6	4	10~15	8~10
6~8	5~6	15 以上	10

3. 刨削速度

刨削速度对刨槽尺寸，表面质量都有一定的影响。刨削速度太快会造成碳棒与金属相碰，使碳粘在刨槽的顶端，形成所谓"夹碳"的缺陷。刨削速度增大，刨槽深度减小。一般刨削速度为 0.5～1.2m/min 较合适。

4. 压缩空气的压力

压缩空气的压力高，能迅速地吹走液体金属，碳弧气刨过程顺利进行。常用的压缩空气压力为 0.4～0.6MPa。压缩空气的压力主要是根据电流的大小而定，电流与压缩空气之间的关系见表 7-3。从表中可以看出，电流增大时，压缩空气的压力也相应地增高。因电流增加，被熔化金属的量也随着增加。要求压缩空气能迅速地将熔化的金属吹走，所以压缩空气的压力应增大，以使熔化金属停留时间不致过长，从而缩小热影响区，得到光滑的刨槽表面。

表 7-3 电流与压缩空气压力之间的关系

电流强度/A	压缩空气压力/MPa	电流强度/A	压缩空气压力/MPa
140～190	0.35～0.4	340～470	0.5～0.55
190～270	0.4～0.5	470～550	0.5～0.6
270～340	0.5～0.55		

压缩空气中的水分应适当控制，水分和油分过多会使刨槽表面质量变坏。

5. 电弧长度

碳弧气刨时，电弧的长度约在 1～2mm 为宜。电弧过长，引起操作不稳定，甚至熄灭。因此操作时要求尽量保持短弧，这样可以提高生产率。还可以提高碳棒的利用率，但电弧太短，又容易引起"夹碳"缺陷。此外，在刨削过程中，电弧长度变化应尽量小，以保证得到均匀的刨槽尺寸。

6. 碳棒倾角

碳棒与刨件沿刨槽方向的夹角称为碳棒倾角。

倾角的大小影响到刨槽的深度，倾角增大槽深增加，碳棒的倾角一般为 30°～45°，如图 7-4 所示。

7. 碳棒的伸出长度

碳棒从导电嘴到碳棒端点的长度为伸出长度。手工碳弧气刨时，伸出长度过大，压缩空气的喷嘴离电弧就远，造成风力不足，不能将熔渣顺利吹掉，而且碳棒也容易折断。一般外伸长度为 80～100mm 为宜。

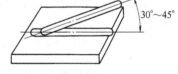

图 7-4 碳棒与工件的倾角

需要指出，在手工碳弧气刨时，碳棒的外伸长度是断续调整的。由于碳棒烧损，当外伸长度减少至 20～30mm 时，应将外伸长度重新调至 80～100mm。

二、碳弧气刨的缺陷与识别

1. 夹碳

由于操作不熟练，刨削速度和碳棒送进速度不稳，造成短路熄弧，碳棒粘在未熔化的金属上，易产生夹碳缺陷，如图 7-5 所示。

夹碳缺陷处形成一层含碳量高达 6.7% 的硬脆的碳化铁，此处难以引弧，必须清除之后，才能继续刨削。若夹碳残存在坡口中，则焊后易产生气孔和裂纹。

2. 粘渣

碳弧气刨吹出的物质俗称为渣，它实质上是一层很薄的氧化铁等，容易粘贴在刨槽的两侧，而造成粘渣，如图 7-6 所示。

(a) 刨削速度过快　　(b) 碳棒送进太猛

图 7-5　夹碳

图 7-6　粘渣

粘渣主要是由于压缩空气压力低造成的。

焊前要用钢丝刷或砂轮将粘渣清除干净。有时粘渣极薄，肉眼很难辨认清楚，但在焊接电弧遇到粘渣时，熔池发生沸腾现象，严重时易形成气孔。

3. 铜斑

采用表面镀铜的碳棒气刨时，因镀铜质量不好，剥落的铜皮熔敷在刨槽表面可形成铜斑，或喷嘴与工件瞬间短路后，由于铜制的喷嘴熔化，而在刨槽表面形成铜斑，如图 7-7 所示。焊前应当用钢丝刷将铜斑清除干净，避免造成焊缝的局部渗铜。

4. 刨槽尺寸和形状不规则

当手工碳弧气刨的规范选择合适时，刨槽的尺寸和形状主要取决于操作技术。刨槽形状不规则的原因如下。

① 刨削速度和碳棒送进速度不匀、不稳，以致刨槽宽窄不一致、深浅不均匀，如图 7-8 所示。

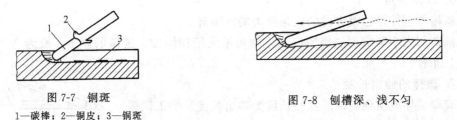

图 7-7　铜斑

1—碳棒；2—铜皮；3—铜斑

图 7-8　刨槽深、浅不匀

② 碳棒在刨削方向上与工件成一定倾角 α，如图 7-4 所示，而在其两侧未与工件表面保持垂直，以致刨槽两侧不对称。

③ 背面铲焊根时，刨削方向没对正电弧前方的小凹口（即装配间隙），故产生刨偏。

第四节　碳弧气刨的操作技术

碳弧气刨的生产过程包括准备、引弧、气刨、收弧和清渣等几个工序。采用正确的操作技术，可以避免产生各种缺陷，提高气刨质量。

一、准备工作

在进行碳弧气刨之前，要清理工件，用石笔在钢板上沿刨削方向每隔 40mm 画一条基准线。检查电源极性，根据碳棒直径选择并调节好电流，调节碳棒伸出长度至 $80\sim100\text{mm}$ 左右。检查压缩空气管路，调整好出风口，使风口对准刨槽。

二、引弧

1. 引弧技术要领

引弧前必须先送风，因为在引弧时，碳棒与刨件接触造成短路。如不预先送风冷却，很大的短路电流会使碳棒烧红，又因钢板在很短时间内来不及熔化，所以碳棒与钢板之间相碰就很容易产生夹碳。

2. 引弧技法

若对引弧处的槽深要求不同，引弧时碳棒的运动方式也不一样，如图 7-9 所示。若要求引弧处的槽

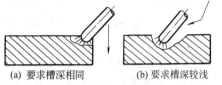

(a) 要求槽深相同　　(b) 要求槽深较浅

图 7-9　引弧时碳棒的运动方式

深与整个槽的深度相同时，可只将碳棒向下运行，如图 7-9（a）所示，待刨到所要求的槽深时，再将碳棒平稳地向前移动；若允许开始时的槽深可浅一些，则将碳棒一边往前移动，一边往下送进，如图 7-9（b）所示。

三、气刨过程

气刨引弧成功以后，可将电弧长度控制在 $1\sim2\text{mm}$ 之间，碳棒沿着钢板表面所划基准线作直线往前移动，既不能作横向摆动，也不能作前后往复摆动，因为摆动时不容易保持操作平稳，刨出的刨槽也不整齐光洁。

1. 操作要领

（1）准

气刨时对刨槽的基准线要看得准，眼睛还应盯住基准线，使碳棒紧沿着基准线往前移动，同时还要掌握好刨槽的深浅。气刨时，由于压缩空气和空气的摩擦作用会发出嘶嘶的响声，当弧长发生变化时，响声也随之变化。因此在操作时，焊工可凭借响声的变化来判断和控制弧长的变化。若能够保持均匀而清脆的嘶嘶声，表示电弧稳定，弧长无变化，则所刨出的刨槽既光滑又深浅均匀。

（2）平

气刨时手把要端得平稳，不应上、下抖动，否则刨槽表面就会出现明显的凹凸不平。同时，手把在移动过程中要保持速度平稳，不能忽快忽慢。

（3）正

气刨时碳棒夹持要端正。碳棒在移动过程中与工件的倾角要保持前后一致，不能忽大、忽小。碳棒的中心线要与刨槽的中心线相重合，否则会造成刨槽的形状不对称，影响质量，如图 7-10 所示。

如果一次刨槽宽度不够，可以增大碳棒直径，或者重复多刨几次，以达到所要求的宽度。

如果一次刨槽不够深，则可继续顺着原来的浅槽往深处刨，每段刨槽衔接时，应在原来的弧坑上引弧，以防止触伤刨槽或产生严重凹陷。

2. 操作技法

控制刨槽尺寸的方法可分为"轻而快"操作法和"重而慢"操作法两种。

"轻而快"操作法　气刨时手把下按轻一点刨出的刨槽深度较浅，而刨削速度则略快一些，这样得到的刨槽底部呈圆形，有时近似 V 形，但没有尖角部分。采用这种轻而快的手

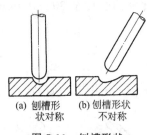

(a) 刨槽形
状对称

(b) 刨槽形状
不对称

图 7-10 刨槽形状

法又取较大的电流时，刨削出的刨槽表面光滑，熔渣容易清除。对一般不太深的槽（如在 12～16mm 厚度钢板上刨 4～6mm 的槽），采用这种方法最合适。如果刨削速度太慢，即采用轻而慢的操作法，则碳弧的热量会把槽壁的两侧熔化，引起粘渣缺陷。

"重而慢"操作法　气刨时手把下按重一点，往深处刨，刨削速度则稍慢一些。采用这种操作法，如果取大电流，则得到的刨槽较深；如果取小电流，所得到的槽形与轻而快操作法得到的槽形相似。采用重而慢操作法，碳弧散发到空气中的热量较少，并且由于刨削速度较慢，通过钢板传导散失的热量较多，同时由于碳弧的位置深，离刨槽的边缘远，所以不会引起粘渣。但是操作中如将手把按得过重，会造成夹碳缺陷。另外，由于刨槽较深，熔渣不容易被吹上来，停留在后面的铁水往往会把电弧挡住，使电弧不能直接对准未熔化的金属上面。这样，不仅刨削效率下降，而且刨槽表面不光滑，还会产生粘渣。所以采用这种刨削操作方法，对操作技术上的要求较高。

3. 排渣技术

气刨时，由于压缩空气是从碳弧后面吹来，如果操作中压缩空气的方向稍微偏一点，熔渣就会离开中心偏向槽的一侧。如果压缩空气吹得很正，那么熔渣就被吹到电弧的正前部，而且一直往前，直到刨完为止。此时刨槽两侧的熔渣最少，可节省很多的清渣时间，但是技术较难掌握，并且还会影响到刨削速度，同时前面的基准线容易被熔渣盖住，影响刨削方向的准确性。因此，通常采用的刨削方式是将压缩空气吹偏一点，使大部分熔渣能翻到槽的外侧，但不能使熔渣吹向操作者一侧，否则会造成烧伤。

4. U 形坡口的气刨顺序

若钢板厚度在 16mm 以下需开 U 形坡口，则一次刨削即成。

若钢板厚度大于 16mm 需开较宽的 U 形坡口。若坡口的深度不超过 7mm，则可以一次刨成底部，而后分别加宽两侧，如图 7-11 所示。

若钢板厚度超过 20mm、要求 U 形坡口开得很大时，合适的刨削顺序，如图 7-12 所示。

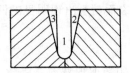

图 7-11 宽 U 形坡口的刨削顺序

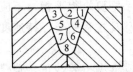

图 7-12 厚板开 U 形坡口的刨削顺序

四、收弧

收弧时应防止熔化的铁水留在刨槽里。因为熔化的铁水含碳和氧的量都较高，而碳弧气刨的熄弧处往往也是以后焊接时的收弧处，收弧处又容易出现气孔和裂纹，所以，如果不将这些铁水吹净，焊接时就容易产生弧坑缺陷。收弧的方法是先断弧，过几秒钟以后，再把压缩空气气门关闭。

五、清渣

碳弧气刨结束后，应用錾子、扁头或尖头手锤及时将熔渣清除干净，便于下一步焊接工作顺利进行。

实训课题二十三　钢板的手工碳弧气刨

1. 实训图样（图 7-13）

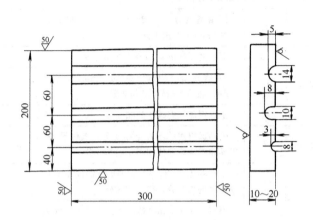

技 术 要 求

1. 母材还可选用 20、20R、20g 等。
2. 划清楚刨缝中心线位置。
3. 设备为弧焊整流器；气体为压缩空气；电极材料为碳棒（直径自选）。
4. 也可利用企业产品进行考核。

课题号	23	课题名称	钢板碳弧气刨	
材料	Q235-A	备材要求	300×200×20	
核定工时/min	40	实做工时/min		

图 7-13　实训图样

2. 实训要求

（1）实训内容

① 主要项目：刨槽深度（$h\pm2$）mm；刨槽深度误差≤2mm；刨槽中心直线误差≤2mm。

② 一般项目：刨槽宽度（$B\pm2$）mm；刨槽宽度误差≤2mm。

（2）工时定额

工时定额为 40min。

（3）安全文明生产

① 能正确执行安全技术操作规程。

② 能按企业有关文明生产的规定，做到工作地整洁，工件、工具摆放整齐。

3. 评分标准

评分标准如表 7-4 所示。

表 7-4   评分标准

序号	检测项目	配分	技 术 标 准	实测情况	得分	备注
1	刨槽的深度	20	刨槽深分别为 3mm，8mm，5mm，超差 2mm 1 处扣 4 分			
2	刨槽宽度	20	刨槽宽度分别为 8mm，10mm，14mm，超差 2mm 1 处扣 4 分			
3	刨槽的不直度	20	不直度≤2mm，超差 1 处扣 4 分			
4	刨槽底部圆弧	10	刨槽底部圆弧分别为 4mm，5mm，7mm，超差 1mm 1 处扣 2 分			
5	刨槽外观质量	20	出现铜斑、夹碳 1 处扣 5 分			
6	安全操作规程	7	劳动保持用品不齐全扣 4 分，气刨设备、工具和安全装置使用不正确扣 3 分			
7	文明生产规定	3	工作场地整洁，气刨钳等摆放整齐不扣分，稍差扣 1 分，很差扣 3 分			
8	工时定额		额定工时 40min，超时间定额 5%～20% 扣 2～10 分			
	总分	100	实训成绩			

实训课题二十四　清根与清除焊接缺陷

1. 清根的技术特点

采用焊条电弧焊或自动埋弧焊焊接厚度大于 12mm 的钢板时，通常都要双面焊。由于每条焊缝根部的质量一般都较差，含有较多的杂质，为保证焊接质量，应该在正面焊缝焊完以后，将焊件翻转，在反面将正面焊缝的根部铲除干净，然后再焊反面焊缝。铲除正面焊缝根部的工作称为清根。

清根可以利用碳弧气刨的方法进行。它的操作方法和开小 U 形坡口相似，但是应该挑到看见正面焊缝为止。

2. 清除焊接缺陷的技术特点

重要焊件的焊缝经无损检验后，若发现有超标缺陷，应将缺陷清除后再进行返修补焊。清除焊缝缺陷的方法，目前在生产中常用的是碳弧气刨。

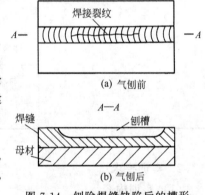

(a) 气刨前

(b) 气刨后

图 7-14　刨除焊缝缺陷后的槽形

气刨焊缝缺陷前，焊接检验人员首先在缺陷位置上作出标记，焊工就在标记位置一层一层往下进行气刨，此时不过分要求刨槽质量，但要对每一层仔细检查看有无缺陷。如发现缺陷，可轻轻地再往下刨一、二层，直到将缺陷全部刨净为止。刨除焊缝缺陷后的槽形，如图 7-14 所示。

参 考 文 献

[1] 中国机械工程学会焊接学会编. 焊接手册第 1 卷焊接方法与设备. 北京：机械工业出版社，2001.
[2] 中国机械工程学会焊接学会编. 焊接手册第 3 卷焊接结构. 北京：机械工业出版社，2001.
[3] 国家技术监督局发布. 中华人民共和国国家标准焊接术语 GB/T3375—94. 北京：中国标准出版社，1995.
[4] 机械工业部、劳动部颁发. 中华人民共和国工人技术等级标准，机械工业（通用部分）. 北京：机械工业出版社，1995.
[5] 机械工业职业技能鉴定指导中心编. 初级电焊工技术. 北京：机械工业出版社，2001.
[6] 机械工业职业技能鉴定指导中心编. 电焊工技能鉴定考核试题库. 北京：机械工业出版社，1999.
[7] 劳动人事部培训就业局编. 焊工工艺学. 北京：中国劳动出版社，1987.
[8] 劳动部教材办公室组织编写. 电焊工生产实习（96 新版）. 北京：中国劳动出版社，1996.
[9] 机械工业职业技能鉴定指导中心编. 初级气焊工技术. 北京：机械工业出版社，2001.
[10] 范绍林. 焊工操作技巧集锦 100 例. 北京：化学工业出版社. 2008.